Die Architekturen der menschlichen Knochenspongiosa

Atlas und Text

Von

Professor Dr. Hermann Triepel

in Breslau

Mit 17 Tafeln

München und Wiesbaden

Verlag von J. F. Bergmann

1922

ISBN-13: 978-3-642-90479-0   e-ISBN-13: 978-3-642-92336-4

DOI: 10.1007/978-3-642-92336-4

Vorwort.

Das Buch, das vollendet vor mir liegt, wendet sich in erster Linie an Anatomen und Chirurgen, aber auch an weitere Kreise wissenschaftlicher Arbeiter, an Studierende, an Ärzte. Es enthält eine Darstellung der Spongiosaarchitekturen des menschlichen Körpers und ihrer Entwicklung in Wort und Bild. Von den Abbildungen solcher Strukturen, die man in Atlanten und Monographien findet, sind nur wenige wirklich gut, d. h. so klar, daß sie alle Feinheiten und Schönheiten des Baues erkennen lassen. Das liegt zum Teil daran, daß man aus den Knochen oft allzu dünne Scheiben, die unseligen Fournierblätter, herausgesägt oder selbst Schliffe von ihnen angefertigt und diese oder jene abgebildet hat; durch die angewandte Methode ist viel wichtiges Material verloren worden. In den üblichen Beschreibungen nehmen die Autoren nur auf die Schnittbilder Rücksicht, sie übersehen dabei ganz, daß die Spongiosa ein körperliches, dreidimensionales Gebilde ist. Eine Ausnahme macht nur E. Albert, dessen treffliche Arbeiten viel zu wenig Beachtung gefunden haben. Mit den erwähnten Mängeln hängt es zusammen, daß die Ansichten über die gestaltliche und die funktionelle Bedeutung der Spongiosaarchitekturen noch nicht völlig geklärt sind.

Die Sammlung von Strukturbildern auf den Tafeln dieses Buches ist nicht ganz lückenlos, die wenigen Objekte, die keine Aufnahme gefunden haben, sind im Text erwähnt. Von den abgebildeten Sägeschnitten habe ich die meisten mit Hilfe einer Bandsäge selbst angefertigt. Drei von ihnen wurden mir vor Jahren in Greifswald von Herrn Prof. Solger freundlichst überlassen, acht stammen aus der osteologischen Demonstrationssammlung des anatomischen Instituts in Breslau. Entrindungen habe ich mit der Feile vorgenommen. Die abgebildeten mikroskopischen Objekte sind teils Eigentum der entwicklungsmechanischen Abteilung der Breslauer Anatomie, teils mein Privateigentum. Zu den photographischen Aufnahmen der makroskopischen Objekte benutzte ich ein Tessar von Zeiß, zu den Mikrophotographien Leitzsche Linsen. Bei den photographischen Arbeiten wurde ich von meinen früheren Assistenten, den Herren cand. med. Langen und Arendt unterstützt. Zur Reproduktion wurde das Lichtdruckverfahren angewendet, durch das alle Feinheiten der Aufnahmen erhalten bleiben. Die Betrachtung der Bilder mit der Lupe ist sehr zu empfehlen, da bei vielen von ihnen sich hierbei neue Einzelheiten offenbaren.

Im Text habe ich vor allem Gewicht auf die Schilderung der körperlichen Verhältnisse gelegt. Ich habe mich bemüht, eine möglichst objektive Beschreibung zu geben, es war aber wohl nicht zu umgehen, daß im Gefolge der eigenen Auffassung, die ich mir von Bau und Bedeutung der Spongiosa gebildet habe, auch subjektive Züge dazugekommen sind.

Die Herausgabe des Werkes war mit nicht geringen Schwierigkeiten verknüpft, und sie wurde nur durch das äußerst dankenswerte Entgegenkommen der Verlagsbuchhandlung J. F. Bergmann ermöglicht. Um den Umfang des Buches zu verkleinern, habe ich einen Abschnitt gestrichen, der der transformierten Spongiosa gewidmet war, und zu dem eine Anzahl weiterer Abbildungen des Atlas gehörte. Ferner habe ich den „Allgemeinen Teil" abgesondert; er erscheint unter dem Titel „Der Bau der Knochenspongiosa in neuer Auffassung" im 8. Bande der Zeitschrift für Konstitutionslehre. (Zeitschr. f. d. ges. Anatomie, 2. Abt.).

Breslau, im Januar 1922.

Hermann Triepel.

Inhalt.

I. Teil.

Atlas.

Erklärung der Abbildungen auf Tafel 1—17.

Die abgebildeten Knochen stammen, soweit nichts anderes bemerkt ist, vom Erwachsenen und sind in normaler Größe wiedergegeben.

Abb. 1. Medianschnitt durch den 9.—12. Brust- und den 1.—2. Lendenwirbel. Wenig verkleinert.

Abb. 2. Medianschnitt durch den 4.—5. (6.) Lendenwirbel und das Kreuz- und Steißbein. Der 6. Lendenwirbel steht im Begriff, sich dem Kreuzbein zu assimilieren. Wenig verkleinert.

Abb. 3. Querschnitt eines Brustwirbels.

Abb. 4. Querschnitt eines Lendenwirbels.

Abb. 5. Sagittalschnitt durch einen Wirbelkörper eines 6 monatlichen menschlichen Embryos. Vergr. 80 ×.

Abb. 6. Horizontalschnitt durch die hintere Hälfte einer mittleren Rippe.

Abb. 7. Horizontalschnitt durch das vordere Ende einer mittleren Rippe.

Abb. 8. Oberkiefer von vorn. Spongiosa freigelegt.

Abb. 9. Senkrechter Längsschnitt eines Unterkiefers.

Abb. 10. Medianschnitt eines Unterkiefers.

Abb. 11. Scapula. Frontalschnitt durch den Angulus lateralis mit Collum scapulae und durch den Proc. coracoides. Die beiden Teilschnitte sind in eine Ebene gerückt worden.

Abb. 12. Horizontalschnitt einer Clavicula.

Abb. 13. Sagittalschnitt durch das proximale Ende des Humerus.

Abb. 14. Diaphyse des Humerus eines 16 jährigen Knaben. Relief des proximalen Endes.

Abb. 15. Frontalschnitt durch das proximale Ende des Humerus eines 16 jährigen Knaben.

Abb. 16. Frontalschnitt durch das distale Ende eines Humerus. Hintere Hälfte. Der Schnitt wurde leicht bogenförmig geführt, mit vorderer Konkavität.

Abb. 17. Sagittalschnitt durch das proximale Ende der Ulna.

Abb. 18. Frontalschnitt durch das proximale Ende des Radius.

Abb. 19. Frontalschnitt durch das distale Ende des Radius und der Ulna.

Abb. 20. Schnitte durch die Knochen der Handwurzel. Die Knochen der proximalen Reihe sind parapalmar geschnitten, von den Knochen der distalen Reihe sind (bei Supinationsstellung der Hand) das Capitatum median, das Multangulum majus und Hamatum paramedian, das Multangulum minus quer geschnitten.

Abb. 21. Dorsovolare Längsschnitte durch den Mittelhandknochen und die 1.—3. Phalanx des 3. Fingers.

Abb. 22. Längsschnitt durch die Mittelphalanx eines Fingers von einem 3 monatlichen menschlichen Embryo. Vergr. 80 ×.

Abb. 23. Schnitt durch die Epiphysengrenze der Mittelphalanx eines Neugeborenen. Vergr. 60 ×.

Abb. 24. Schrägschnitt durch das Os coxae. Der Schnitt ist teilweise der Fläche der Darmbeinschaufel parallel, er geht durch den Körper und hinteren Ast des Sitzbeines, die Hüftgelenkspfanne und die Spina ischiadica.

Abb. 25. Frontalschnitt durch das proximale Ende des Femurs.

Abb. 26. Diaphyse des Femurs unterhalb des Trochanter major, entrindet.

Abb. 27. Längsschnitt durch den Hals des Femurs, der parallel seiner oberen Fläche geführt wurde.

Abb. 28. Querschnitt durch den Schaft des Femurs in der Höhe des Trochanter minor.
          Merkelscher Schenkelsporn.
Abb. 29. Vertikaler Schrägschnitt durch die beiden Trochanteren des Femurs.
Abb. 30. Querschnitt durch das proximale Ende des Femurs eines 6monatlichen mensch-
          lichen Embryos. Vergr. 50×.
Abb. 31. Querschnitt des Femurs eines älteren Hundeembryos. Vergr. 60×.
Abb. 32. Frontalschnitt durch das proximale Ende des Femurs eines Neugeborenen.
Abb. 33. Frontalschnitt durch das proximale Ende des Femurs eines 16jährigen Knaben.
Abb. 34. Kopf des Femurs eines 16jährigen Knaben nach Entfernung des Knorpelüberzugs.
          Vergr. 4×.
Abb. 35. Sagittalschnitt des lateralen Femurcondylus.
Abb. 36. Frontalschnitt des distalen Femurendes.
Abb. 37. Querschnitt des distalen Femurendes.
Abb. 38. Querschnitt des distalen Femurendes eines 7monatlichen menschlichen Embryos.
          Vergr. 4×.
Abb. 39. Frontalschnitt des distalen Femurendes eines Neugeborenen.
Abb. 40. Frontalschnitt des distalen Femurendes eines ca. 1 Monat alten Kindes.
Abb. 41. Sagittalschnitt der Patella.
Abb. 42. Frontalschnitt der Patella.
Abb. 43. Frontalschnitt des proximalen Tibiaendes.
Abb. 44. Sagittalschnitt des proximalen Tibiaendes.
Abb. 45. Querschnitt des proximalen Tibiaendes in der Höhe der Epiphyse.
Abb. 46. Sagittalschnitt des distalen Tibiaendes.
Abb. 47. Querschnitt des distalen Tibiaendes oberhalb der Epiphyse.
Abb. 48. Sagittalschnitt des proximalen Fibulaendes.
Abb. 49. Frontalschnitt des distalen Fibulaendes. Hintere Hälfte.
Abb. 50. Sagittalschnitt durch Talus, Naviculare pedis, 1. Cuneiforme, 1. Metatarsalknochen.
Abb. 51. Sagittalschnitt des Calcaneus.
Abb. 52. Fersenhöcker des Calcaneus, entrindet.
Abb. 53. Frontalschnitt durch das Sustentaculum des Calcaneus.
Abb. 54. Sagittalschnitt des Cuboids.
Abb. 55. Querschnitt durch Cuneiformia und Cuboid.
Abb. 56. Querschnitt durch die Basen des 2.—5. Metatarsalknochens.
Abb. 57. Dorsoplantarer Längsschnitt durch den 4. und den 5. Metatarsalknochen.

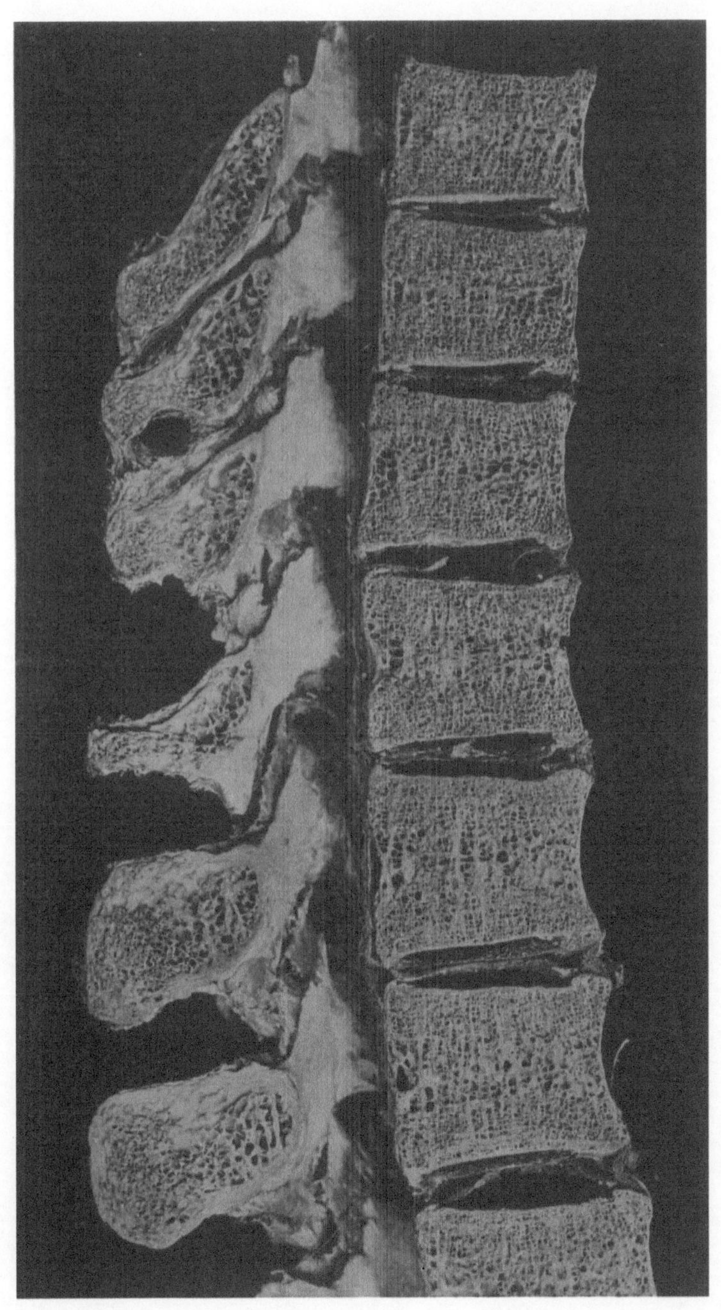

1

Verlag von J. F. Bergmann, München.

2

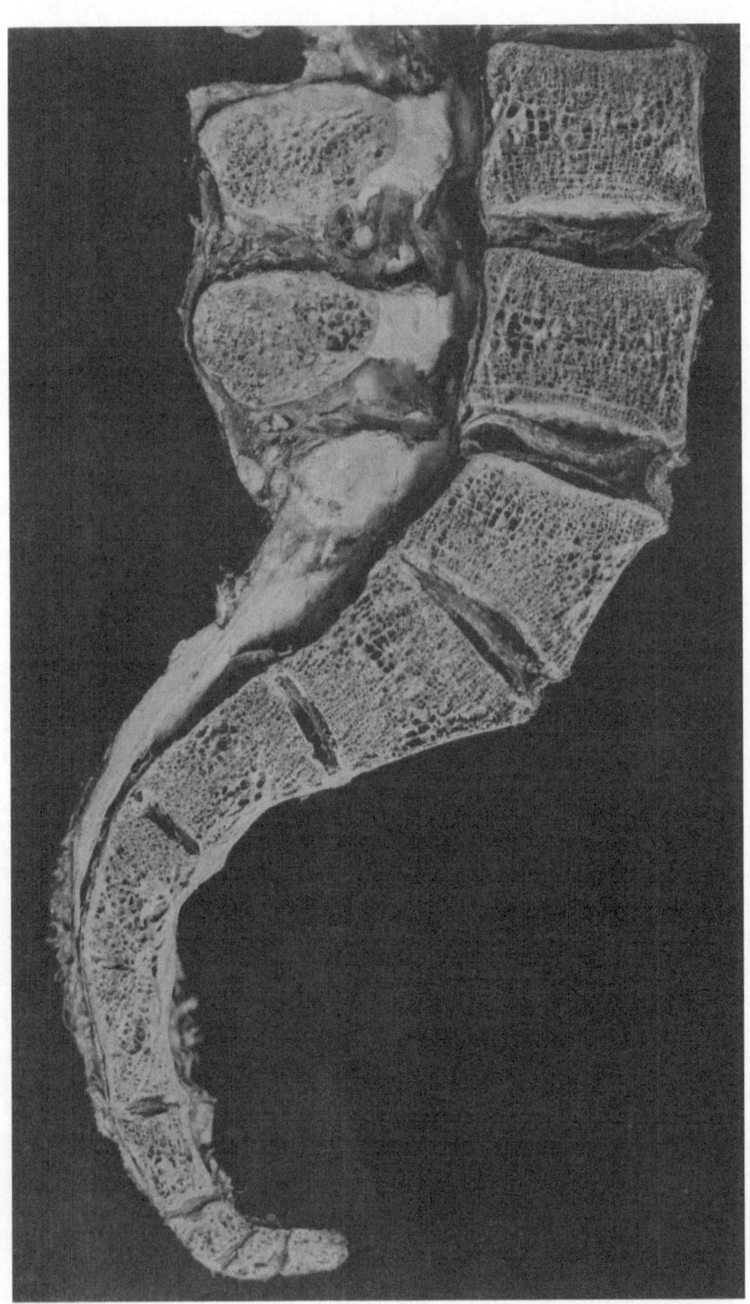

2

Verlag von J. F. Bergmann, München.

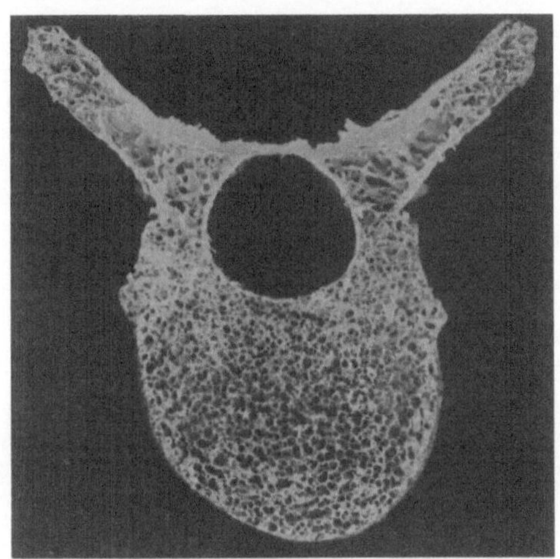

3

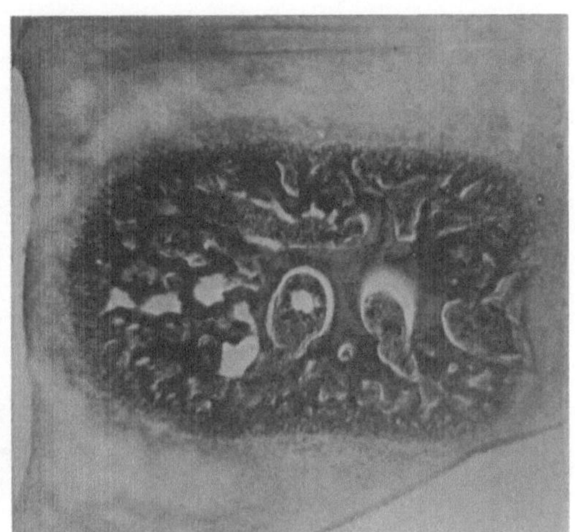

5

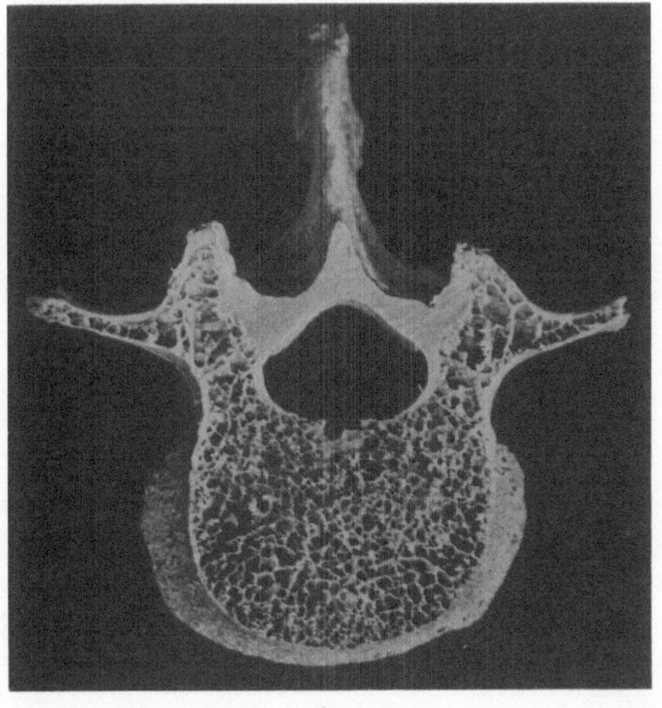

4

Verlag von J. F. Bergmann, München.　　　　Sinsel & Co. G.m.b.H, Leipzig-Oetzsch.

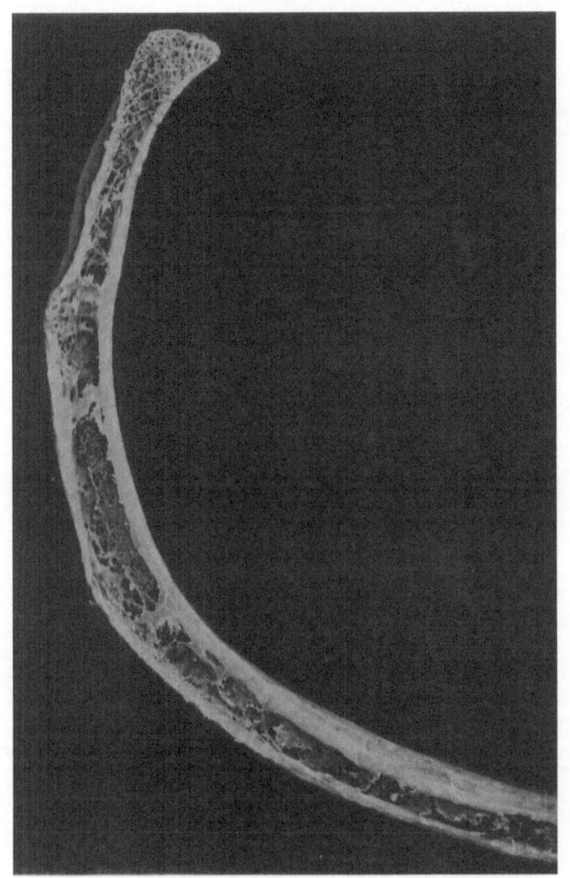

6

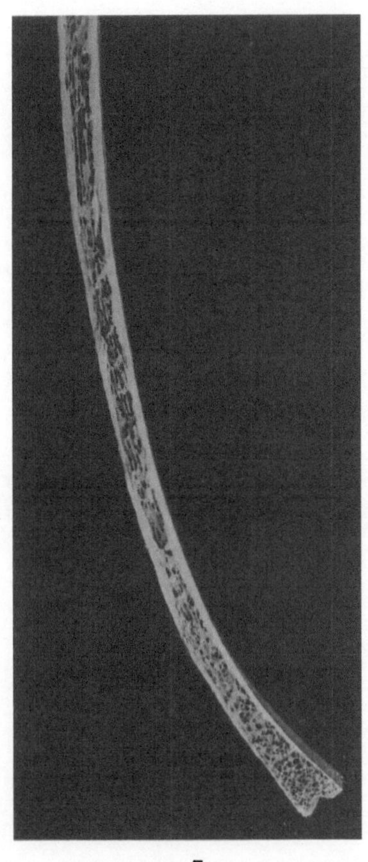

7

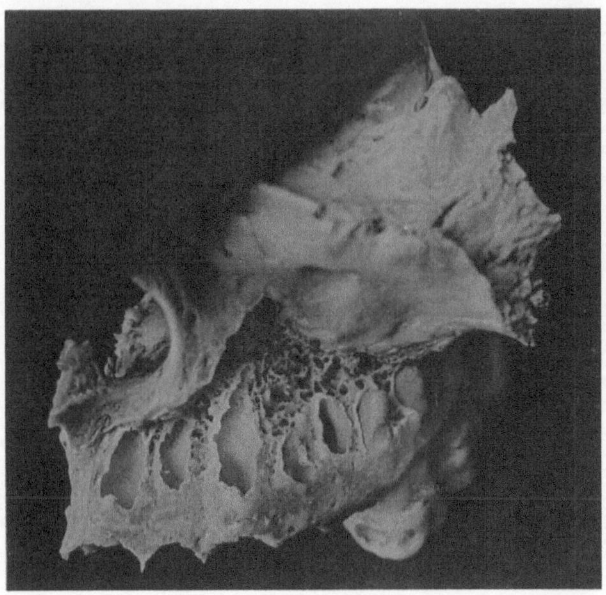

8

Verlag von J. F. Bergmann, München.   Sinsel & Co. G.m.b.H, Leipzig-Oetzsch.

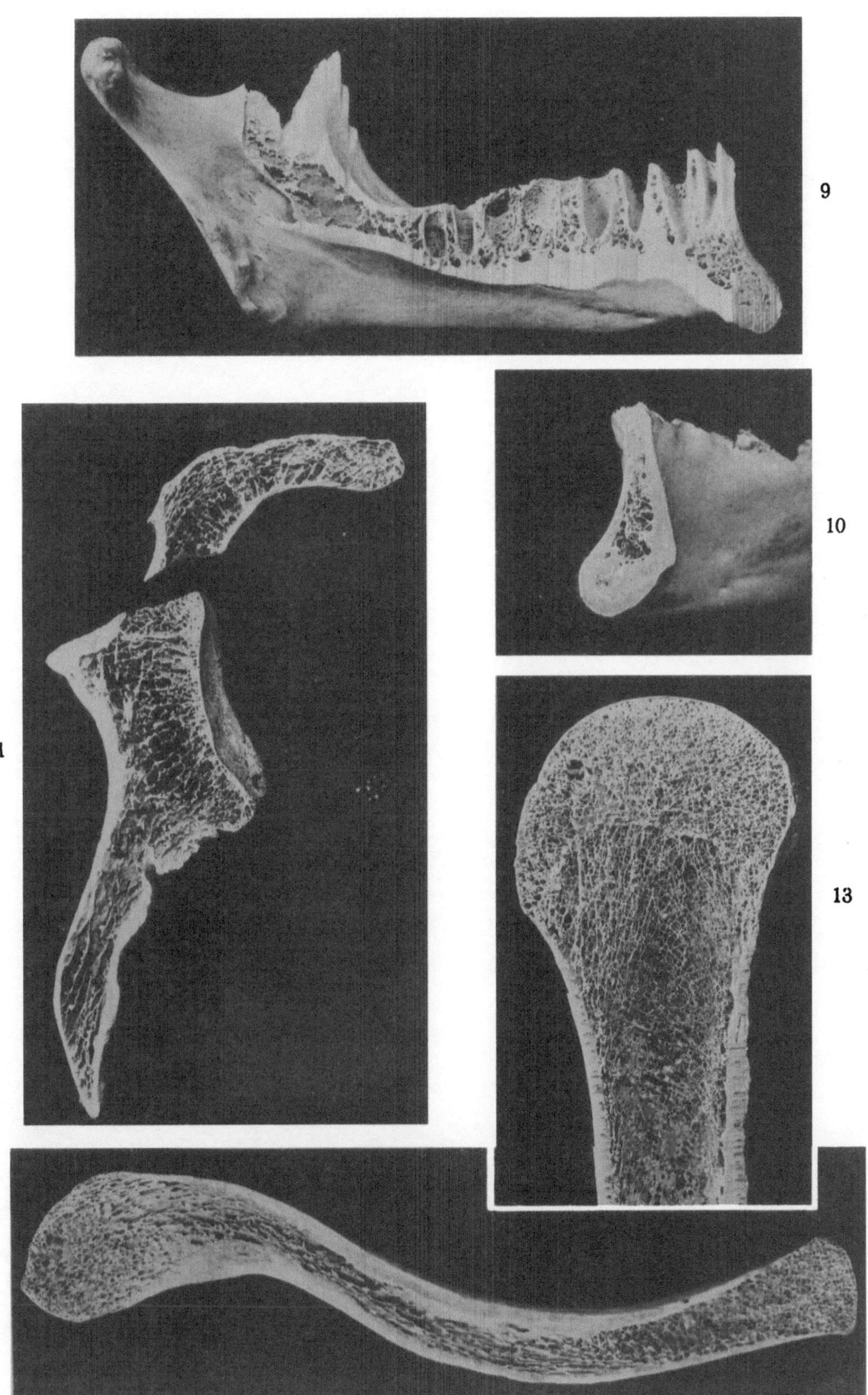

Verlag von J. F. Bergmann, München.   Sinsel & Co. G.m.b.H, Leipzig-Oetzsch.

14

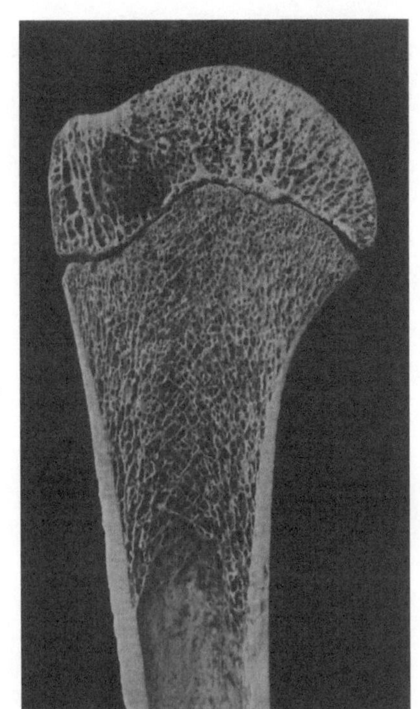

15

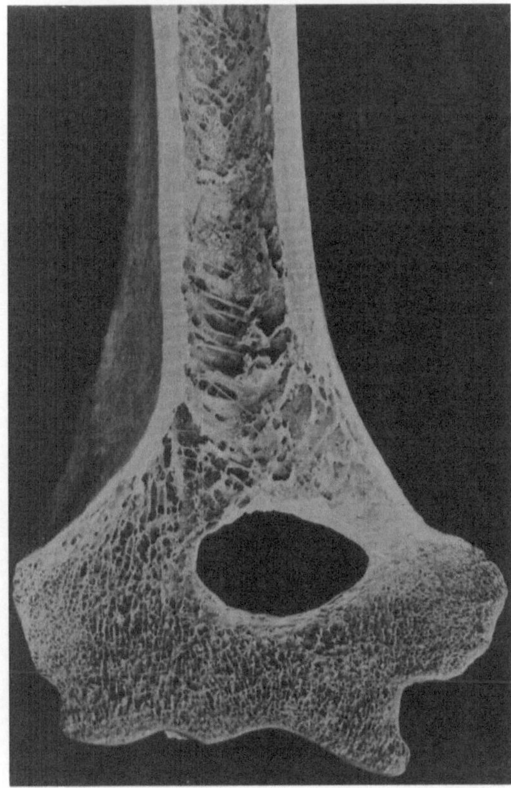

16

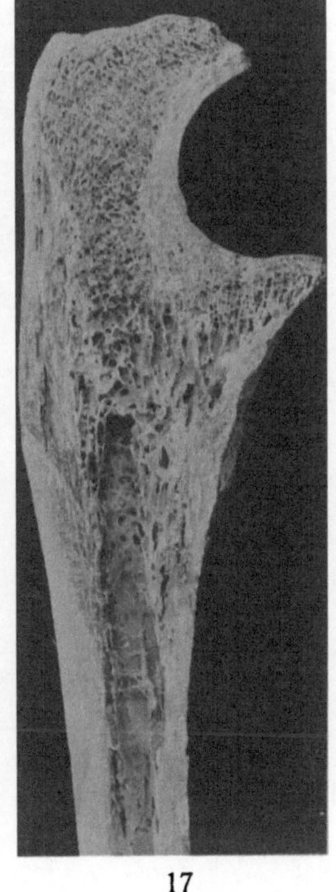

17

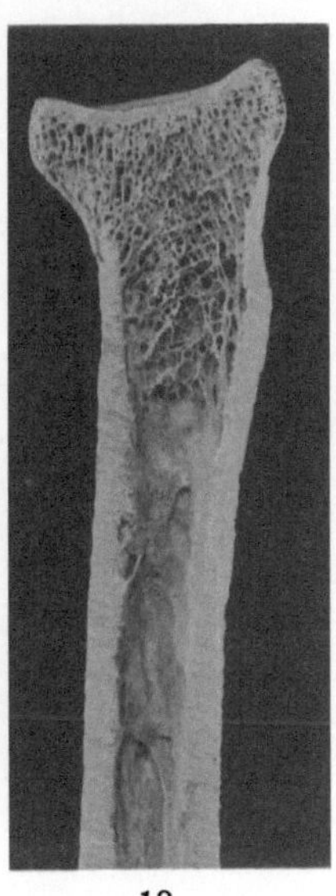

18

Verlag von J. F. Bergmann, München.　　　　Sinsel & Co. G.m.b.H, Leipzig-Oetzsch.

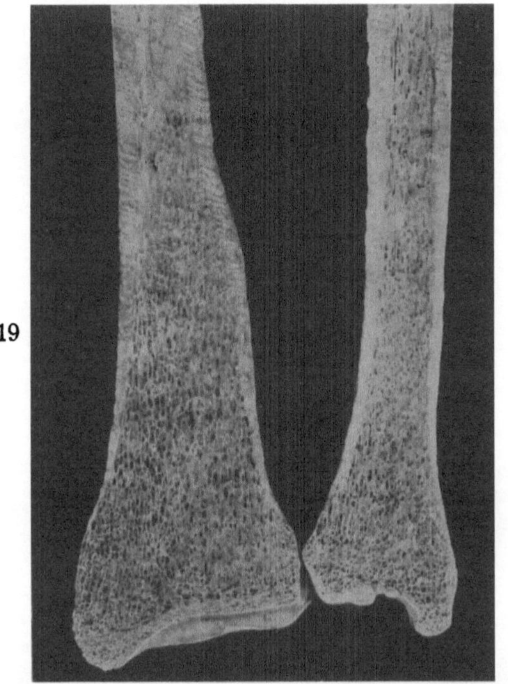

19

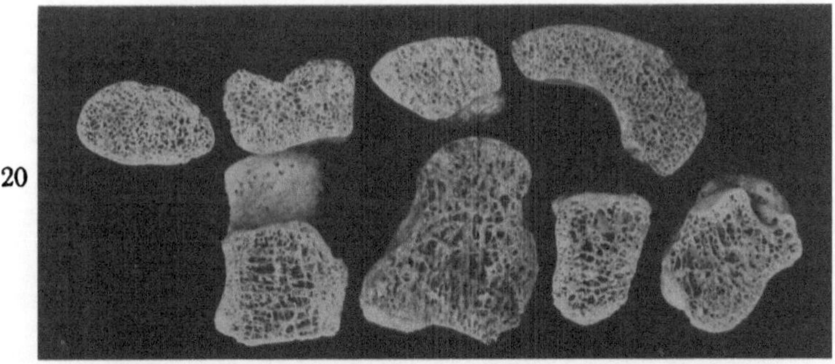

20

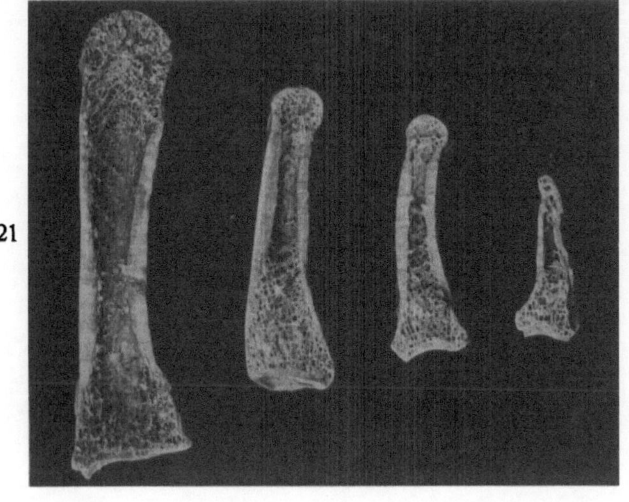

21

Verlag von J. F. Bergmann, München.   Sinsel & Co. G.m.b.H., Leipzig-Oetzsch.

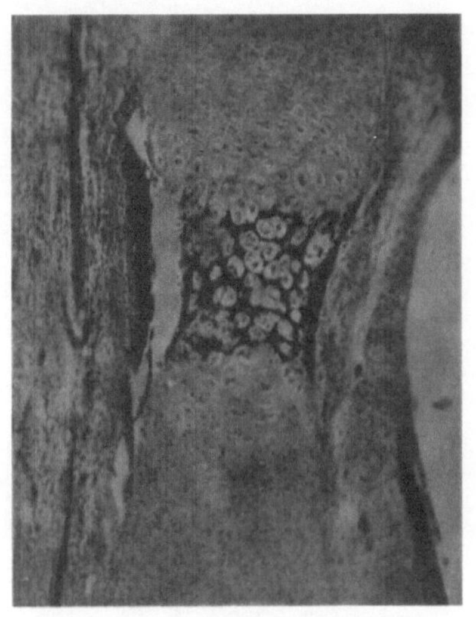

22

23

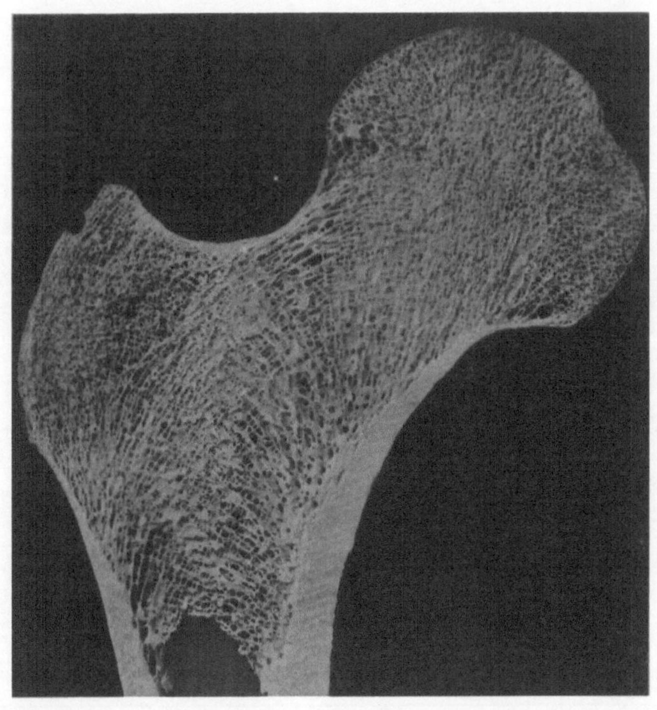

25

Verlag von J. F. Bergmann, München.　　　　Sinsel & Co. G.m.b.H, Leipzig-Oetzsch.

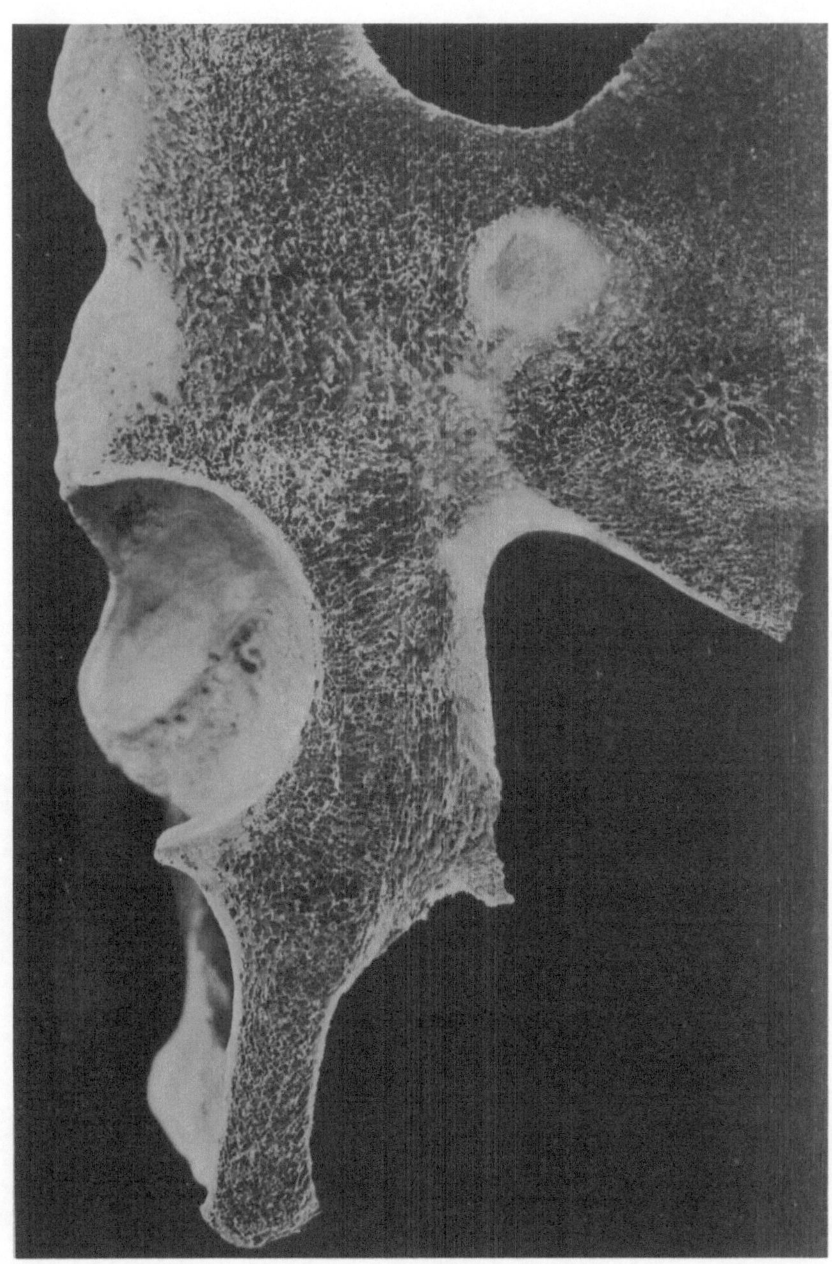

24

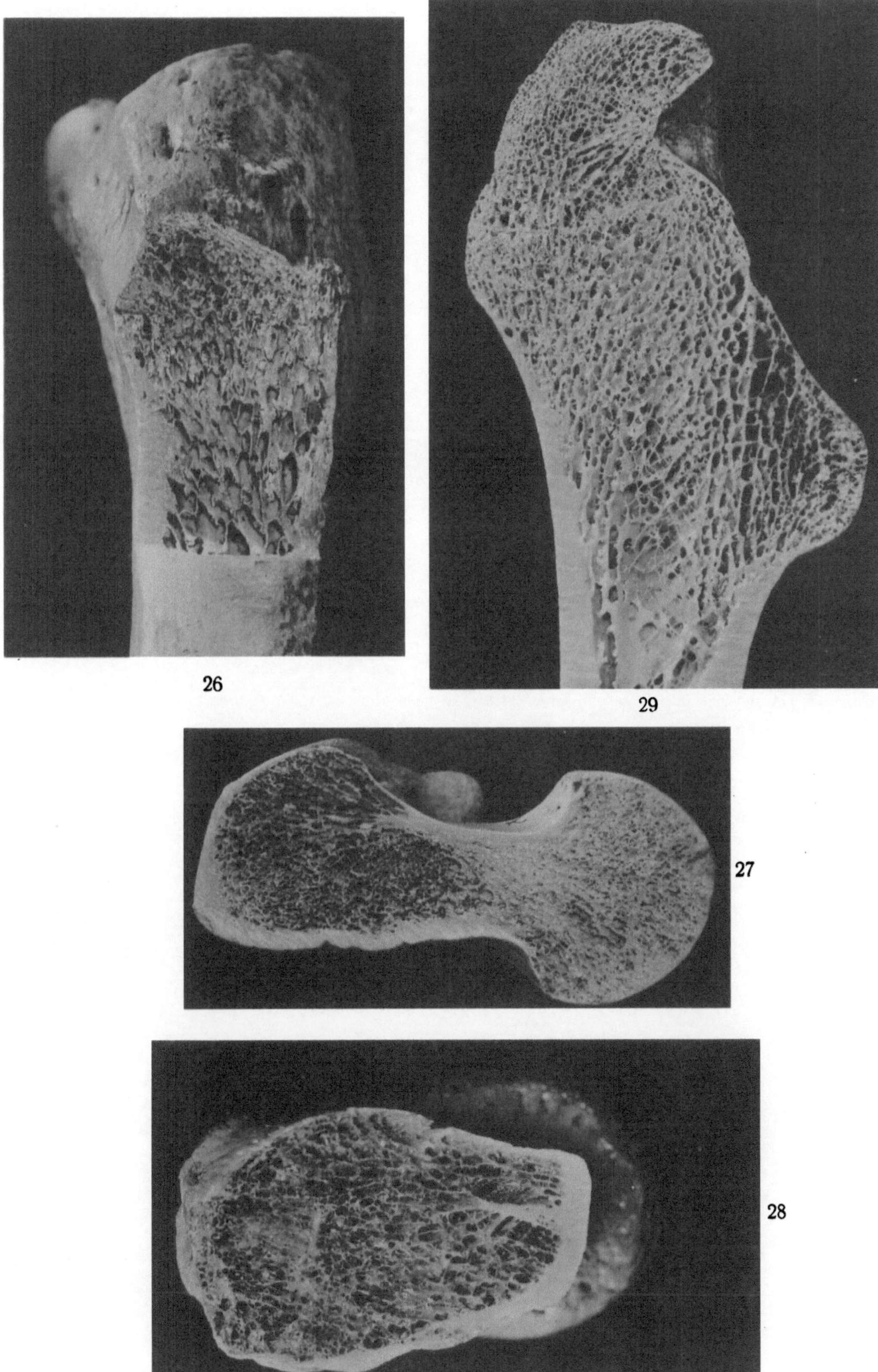

26

29

27

28

Verlag von J. F. Bergmann, München. Sinsel & Co. G.m.b.H., Leipzig-Oetzsch.

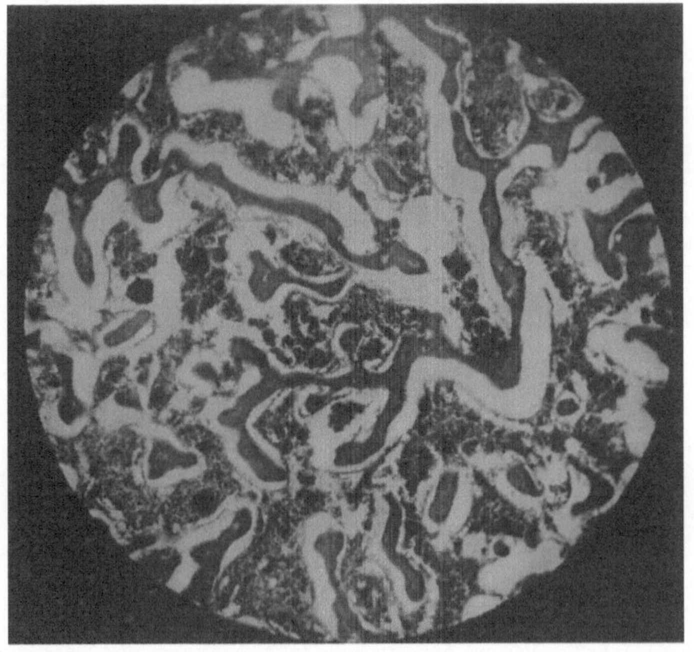

30

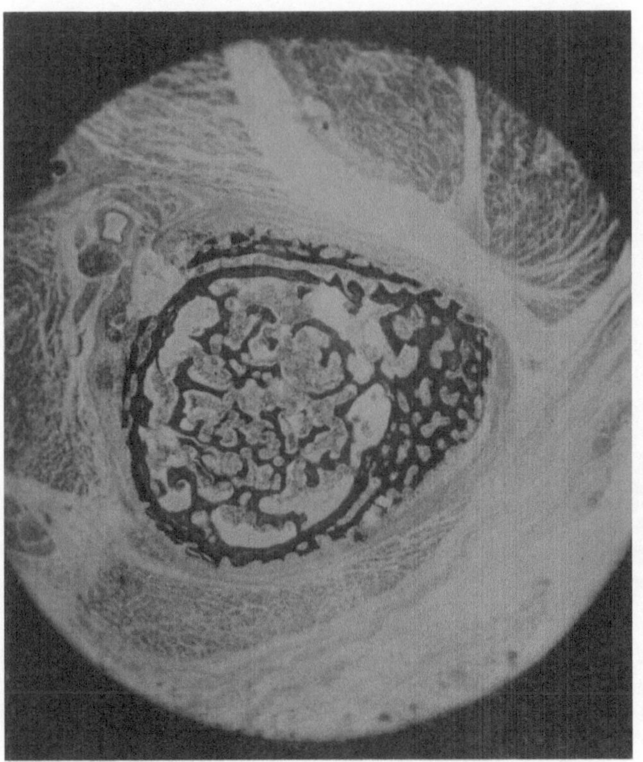

31

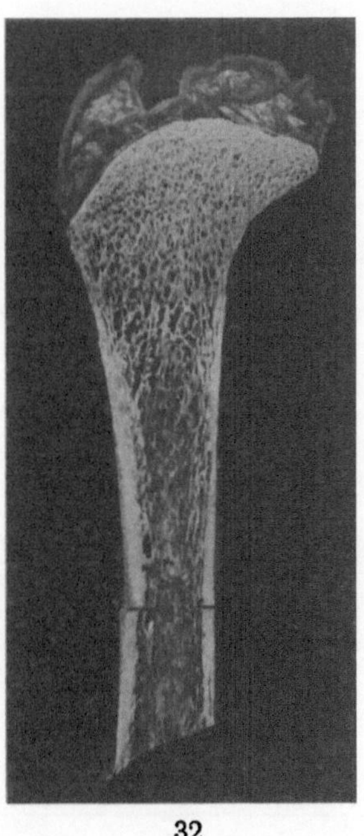

32

Verlag von J. F. Bergmann, München.   Sinsel & Co. G.m.b.H., Leipzig-Oetzsch.

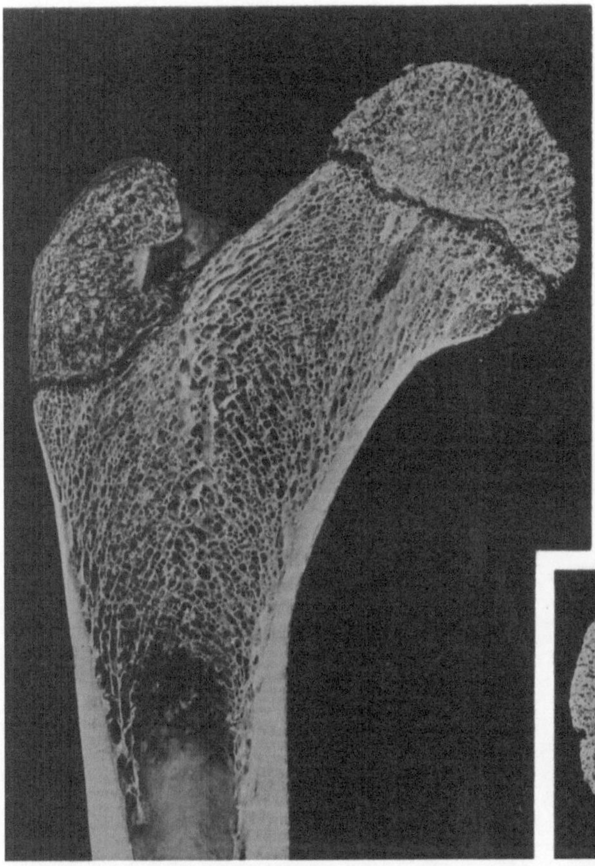

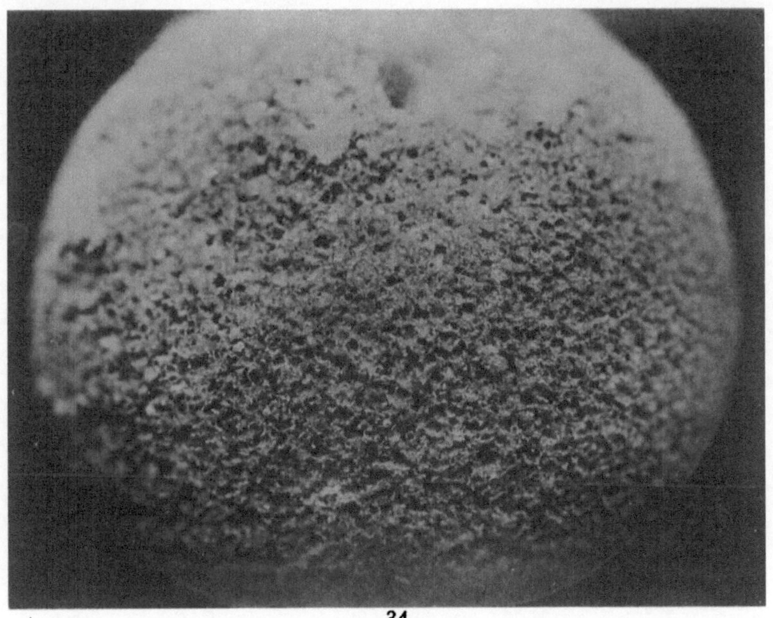

33

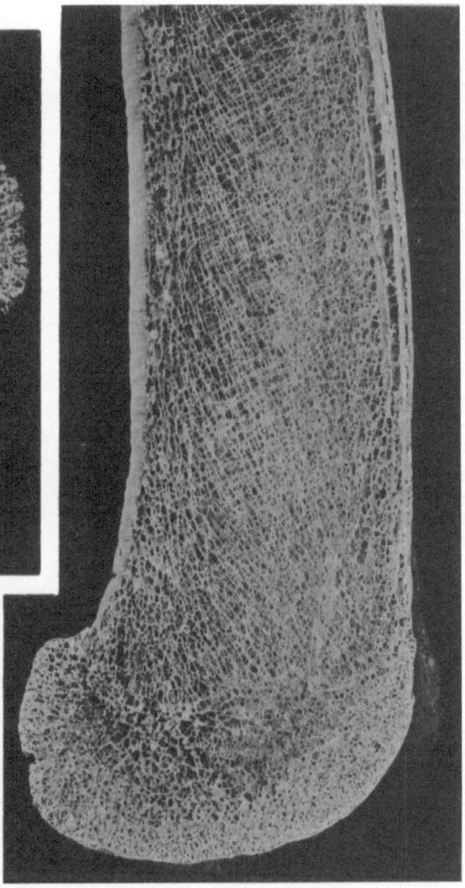

35

34

Verlag von J. F. Bergmann, München.   Sinsel & Co. G.m.b.H, Leipzig-Oetzsch.

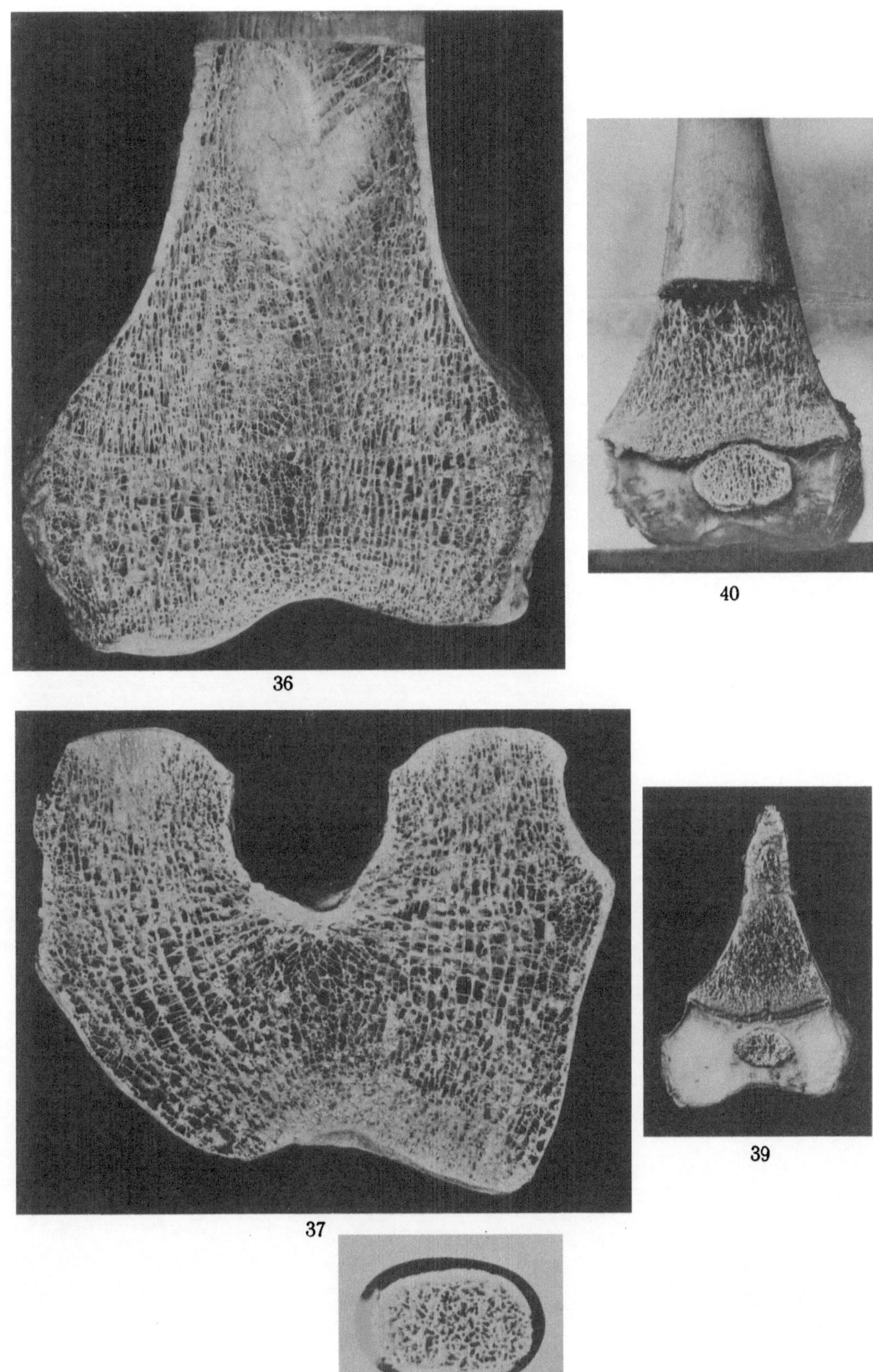

36
40
37
39
38

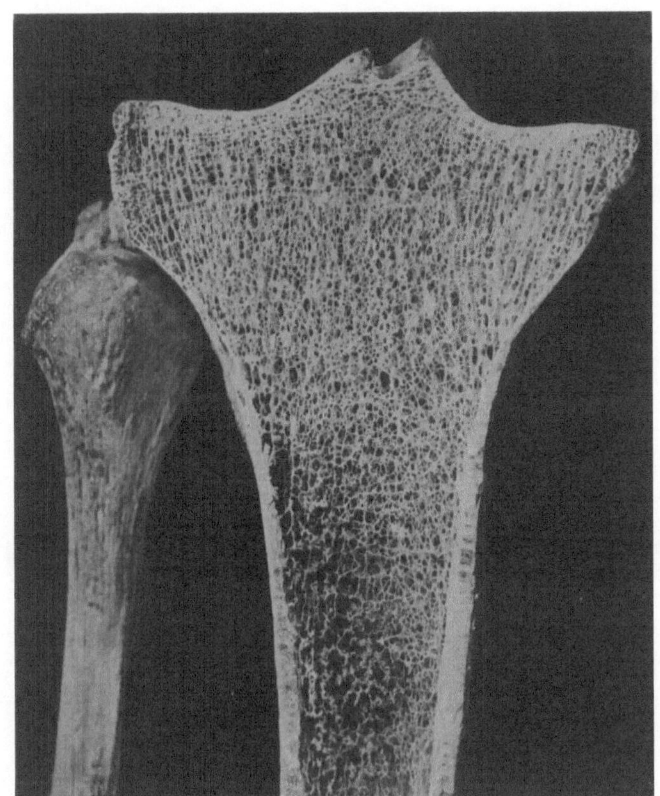

43

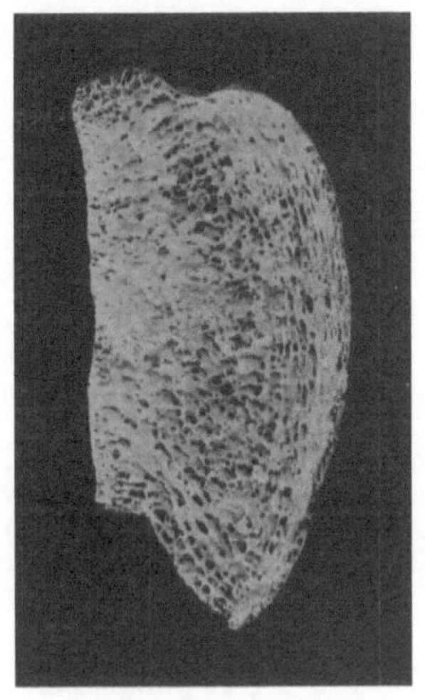

41

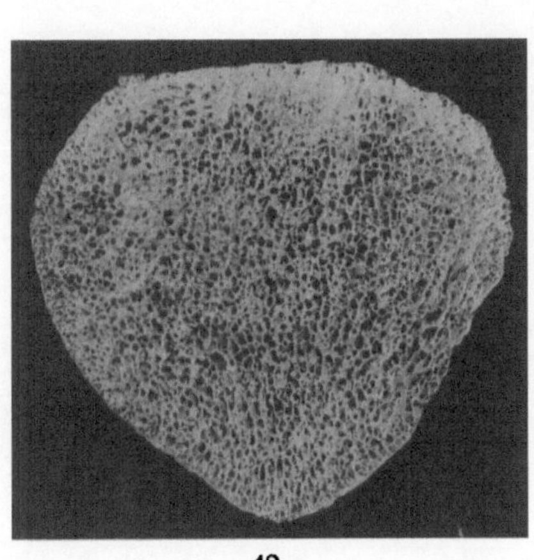

42

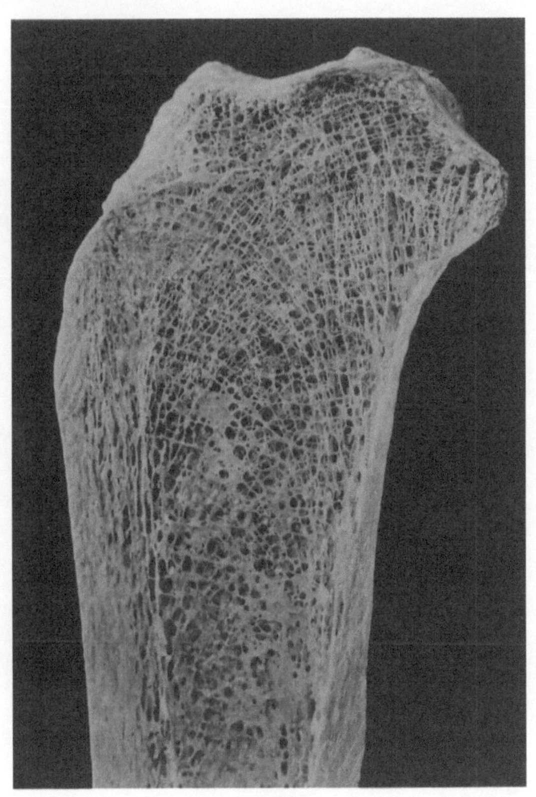

44

Verlag von J. F. Bergmann, München. Sinsel & Co. G.m.b.H., Leipzig-Oetzsch.

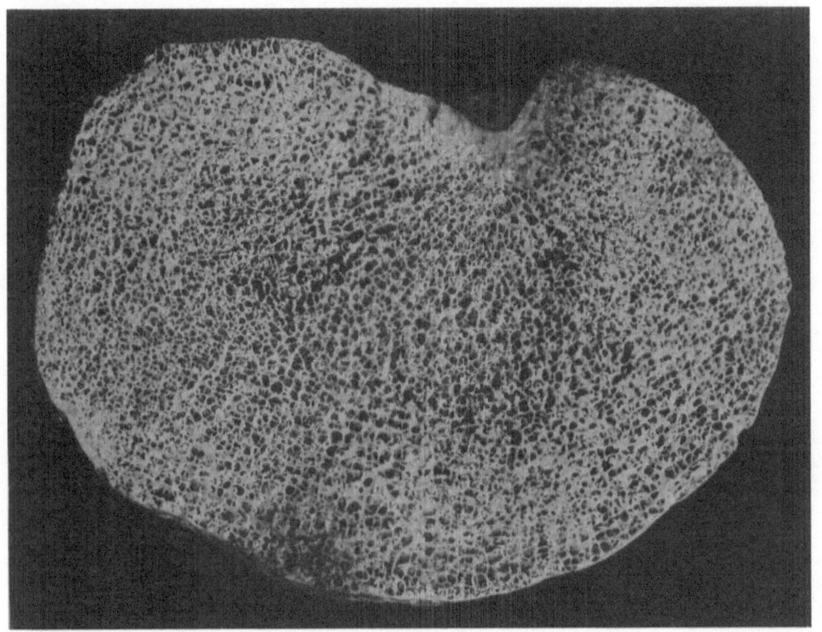

45

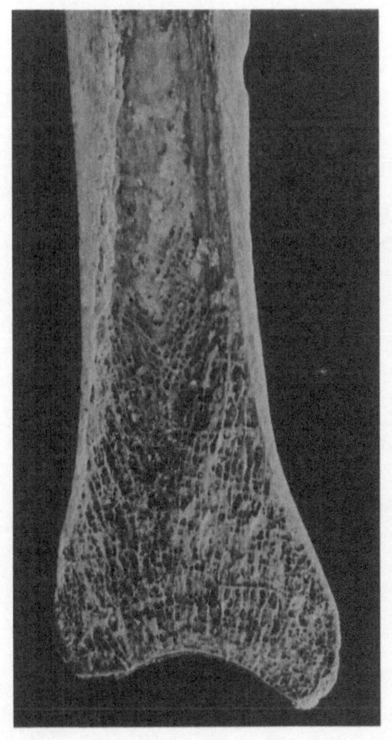

46

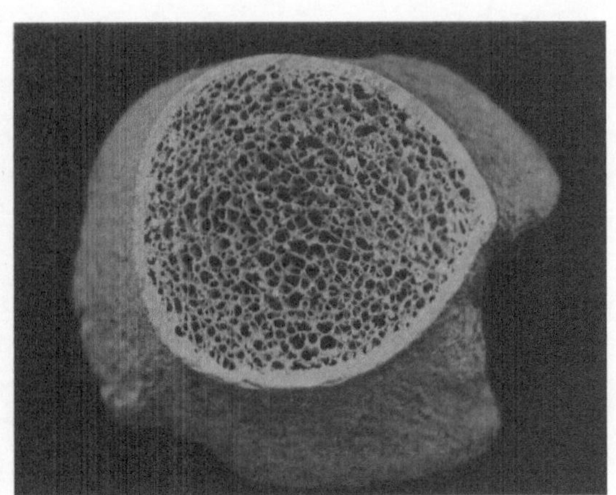

47

Verlag von J. F. Bergmann, München.

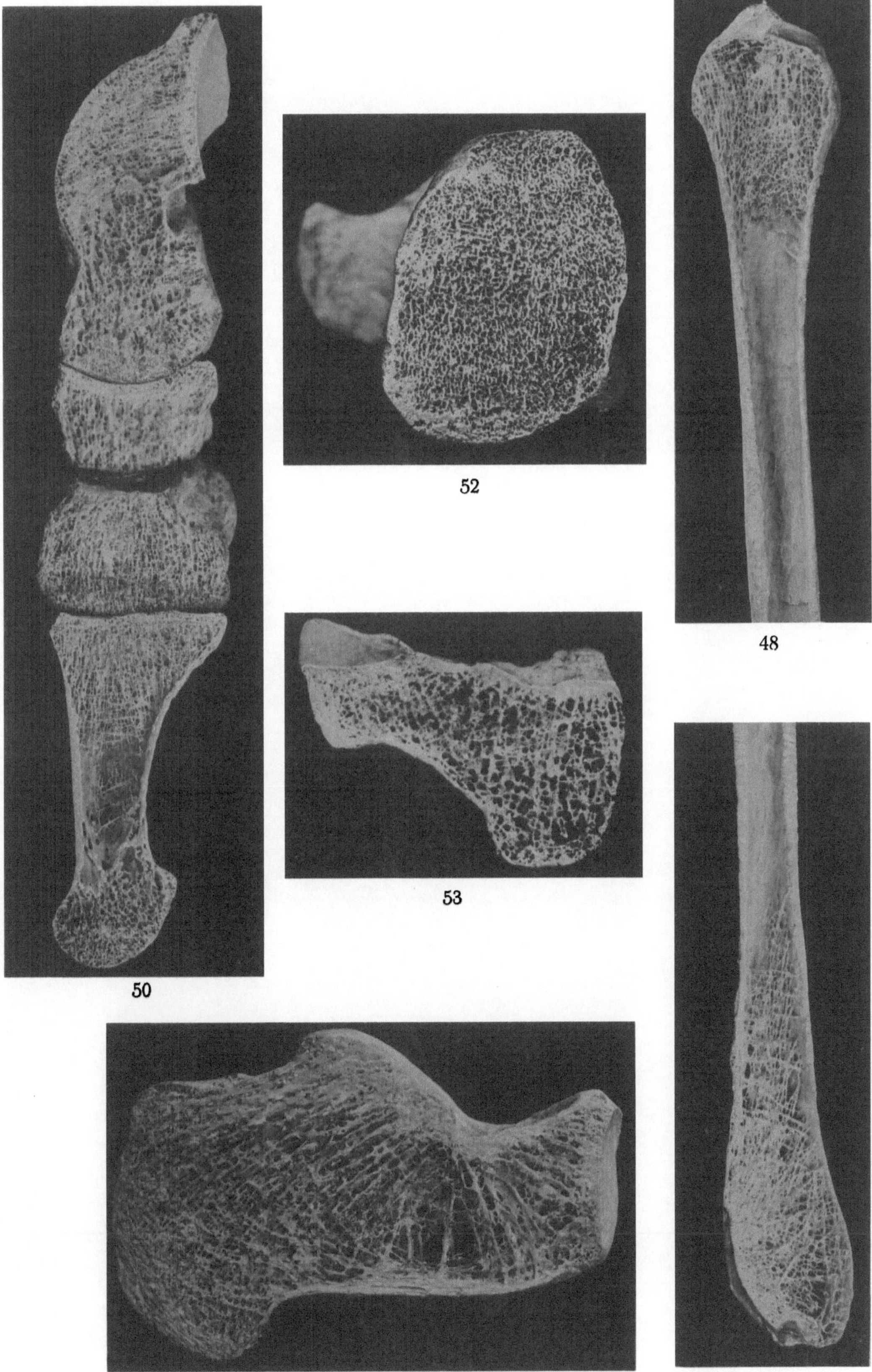

Verlag von J. F. Bergmann, München.　　　　Sinsel & Co. G.m.b.H., Leipzig-Oetzsch.

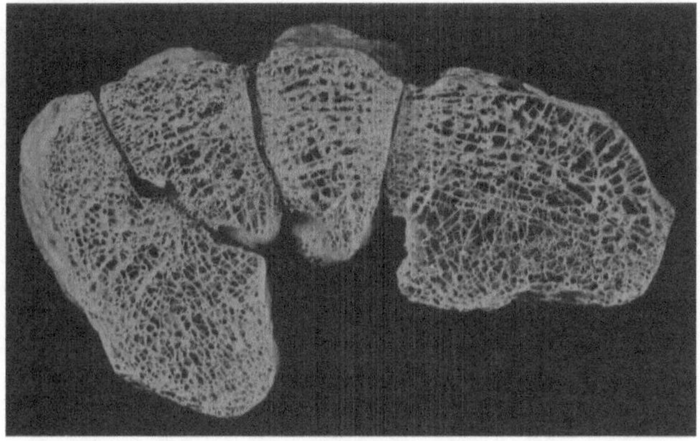

55

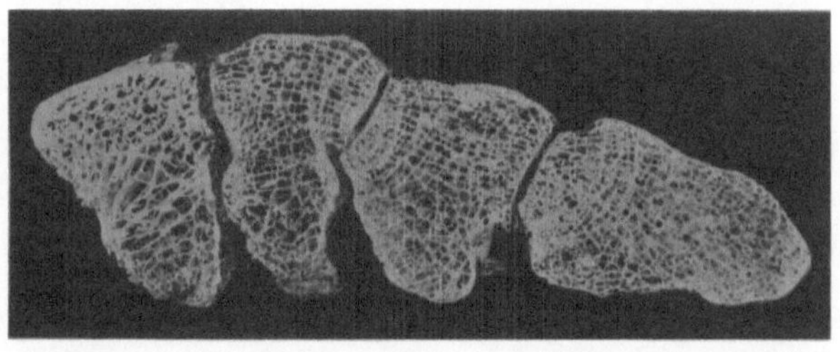

56

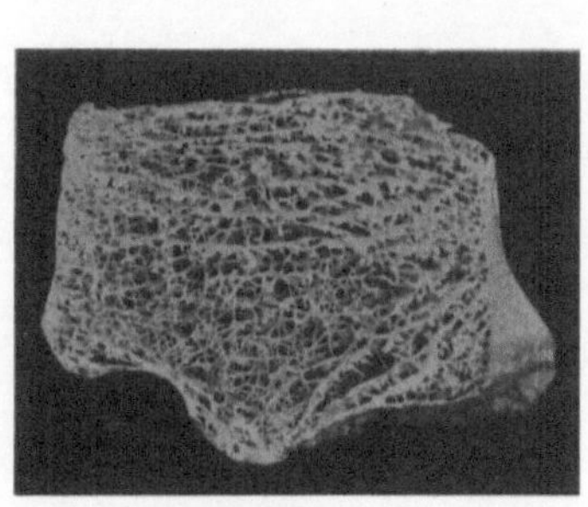

54

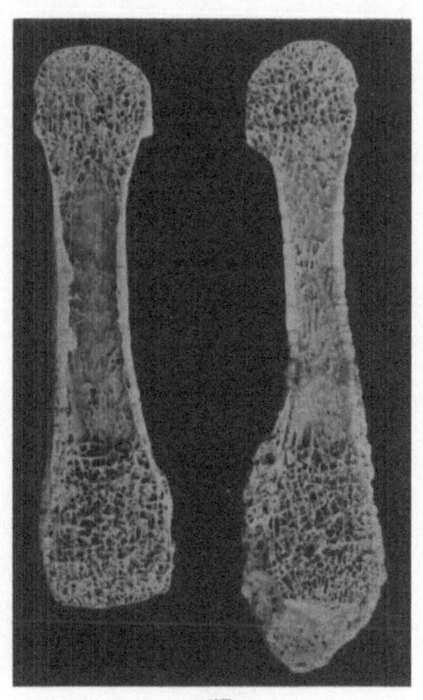

57

Verlag von J. F. Bergmann, München.   Sinsel & Co. G.m.b.H, Leipzig-Oetzsch.

II. Teil.

Text.

Einleitung.

Der zweite Teil dieses Buches enthält die spezielle Beschreibung der normalen Spongiosaarchitektur von sämtlichen Knochen des menschlichen Körpers sowie ihrer Entwicklung. Die Grundsätze, von denen ich mich bei der Darstellung habe leiten lassen, sind in einer Abhandlung allgemeiner Natur niedergelegt, die ich unter dem Titel „Die Architektur der Knochenspongiosa in neuer Auffassung" in der Zeitschrift für Konstitutionslehre (Bd. 8) veröffentlicht habe. Der wesentliche Inhalt dieser Arbeit läßt sich wie folgt zusammenfassen:

1. Die einseitig mechanische Auffassung des Knochenbaus, wie sie von vielen Autoren vertreten wird, ist zurückzuweisen. Insbesondere stellen die Spongiosaelemente nicht insubstantiierte Spannungstrajekterien vor.

2. Bei der Untersuchung und der Beschreibung der Spongiosa muß man suchen, eine körperliche Vorstellung des Baues zu gewinnen und dem Leser zu vermitteln. Aus meinen dahingehenden Bestrebungen leiten sich manche Ausdrücke her, wie Kuppeln, Kelche, Rinnen und ähnliches mehr, die im folgenden sich oft wiederholen, und die nach diesen Vorbemerkungen wohl kaum einer besonderen Erklärung bedürfen.

3. Die Architektur der Spongiosa ist in erster Linie von der äußeren Knochenform abhängig. Eine Struktur, die eine solche Beziehung erkennen läßt, nenne ich harmonisch eingefügt. Zur Erklärung der harmonischen Einfügung des Spongiosabaues werden in der genannten Arbeit Hypothesen aufgestellt. Für die letzte Ausgestaltung der Architektur ist ihre funktionelle Anpassung (Regulation) wichtig.

Aus den im folgenden gegebenen Beschreibungen wird sich meist ohne weiteres ergeben, daß die geschilderten Architekturen harmonisch in die äußeren Knochenformen eingefügt sind, auch wenn es nicht bei allen Fällen besonders hervorgehoben ist. Diejenigen Stellen, an denen Züge von Bälkchen oder Plättchen mit Kraftwegen zusammenfallen und sich hierdurch vor anderen Strukturelementen desselben Knochens hervortun, will ich möglichst sorgfältig verzeichnen.

Variationen im Bau sind selten, dagegen schwankt die Dicke der Bauelemente; die Schwankungen sind der Ausdruck verschiedener Ernährungszustände und verschiedener Funktionsstärke.

Bei jedem Knochen wird zuerst die Architektur der Spongiosa, wie sie sich beim erwachsenen Menschen findet, beschrieben werden. Auf die Entwicklung des Baus der einzelnen Knochen gehe ich nur insoweit ein, als sich nicht das wichtigste über sie aus bekannten allgemeinen Beschreibungen ergibt. Befunde, die sich bei anderen Wirbeltieren erheben lassen, und die ebenfalls in dem Sinne einer harmonischen Einfügung gedeutet werden können, will ich nur gelegentlich heranziehen, um die Darstellung nicht weiter auszudehnen, als es in diesem Buche nötig erscheint.

A. Rumpfskelett.

1. Vertebrae.

Die Spongiosa der meisten Wirbelkörper ist in der Hauptsache aus vertikalen Plättchen aufgebaut. Diese stehen oft so, daß das eine Ende von ihnen sich am Ursprung des Wirbelbogens oder in dessen Nähe findet, und daß sie von hier in leichten, nach vorne konvexen Bogen zur vorderen Fläche der gegenüberliegenden Wirbelkörperhälfte ziehen. Dabei kreuzen sich die beiden Plättchenscharen unter rechten Winkeln. Der Bau wird durch horizontale Elemente vervollständigt. Er wird unterbrochen durch größere Lücken, die ungefähr in halber Höhe des Wirbels vor seiner hinteren Fläche liegen und zur Aufnahme der größeren Wirbelvenen bestimmt sind. Bisweilen nehmen die vertikalen Plättchen eine radiäre und zirkuläre Stellung ein; es kann auch vorkommen, und das ist nicht selten, daß sie sich in wenig regelmäßiger Weise durchkreuzen.

Sagittale Schnitte durch den Wirbelkörper zeigen, was nach dem Gesagten leicht verständlich ist, sehr deutliche vertikale Züge, die von anderen horizontalen gekreuzt werden (Abb. 1 und 2). Bei genauer Prüfung erkennt man vielfach ohne Schwierigkeit die Neigung einzelner durchschnittener Plättchen. Auf horizontalen Schnitten sieht man im typischen Fall leicht gebogene Linien, die diagonalen Verlauf haben und sich unter rechten Winkeln schneiden, bisweilen radiäre und zirkuläre Linien. Auf Querschnitten von Wirbelkörpern, in denen die vertikalen Plättchen keine regelmäßige Anordnung haben (s. o.), muß natürlich auch ein ziemlich unregelmäßiges Bild erscheinen, wie es bei den beiden Abb. 3 und 4 der Fall ist. Da die Winkel gut abgerundet sind, glaubt man den Einblick in eine große Menge dicht nebeneinander stehender Röhrchen zu haben.

Es ist auffallend, daß der Bau der Wirbelkörper trotz der physiologischen Krümmungen der Wirbelsäule in allen Abschnitten gleich ist. Auch in den Abb. 1 und 2 ist das zu erkennen, wenn auch hier die Krümmungen nicht stark ausgebildet sind. In den Lendenwirbeln, besonders in dem sechsten, der im Begriff steht, sich dem Kreuzbein zu assimilieren, sind die vertikalen Plättchen an den vorderen Ecken so gedreht, daß sie auf den Endflächen senkrecht aufstehen. Es ist denkbar, daß in den Wirbelkörpern infolge des sie zusammenpressenden Muskelzuges vertikale Plättchen eine funktionelle Regulation erfahren.

Bei der Entwicklung des Wirbelkörpers wird der in seinem Inneren liegende enchondrale Knochenkern durch Gefäße versorgt, die von hinten her in den Wirbel eintreten. Der Knochenkern ist bei einem 6 monatlichen Embryo (Abb. 5) so gestaltet, daß seine äußere Form der Form des knorpeligen Wirbelkörpers geometrisch ähnlich ist. Dem entspricht es, daß man in ihm neben dünneren radiär verlaufenden Bälkchen schon jetzt stärkere vertikale und horizontale Elemente sieht. Ungefähr zur selben Zeit gesellt sich zur enchondralen auch perichondrale Ossifikation an der hinteren Seite des Wirbelkörpers. Sie greift alsbald auf die Seitenflächen und die vordere Fläche über.

In den Wirbelbogen fand, wie ich nur kurz erwähnen will, Solger keine Anordnung der Spongiosaelemente, die als bedingt durch den Zug der Ligamenta flava hätten gedeutet werden können.

In den Querfortsätzen der Wirbel (Abb. 3 und 4) zeigen sich mehr oder weniger deutlich gekreuzte Plättchen, die bald unter spitzen, bald unter rechten Winkeln von ihren Wänden abgehen.

In den Dornfortsätzen (Abb. 1) finden sich Plättchen, die von unten nach oben und hinten aufsteigen, und andere absteigende, die jene meist spitzwinkelig kreuzen.

Bei (erwachsenen) Säugetieren zeigen die Wirbelkörper einen Bau, der dem beim Menschen geschilderten äußerst ähnlich ist. Wir finden auch hier die kraniokaudal verlaufenden, schräg gestellten Plättchen. Bisweilen sind die kraniokaudal verlaufenden Tubuli sehr deutlich. Die Tatsache der Ähnlichkeit ist sehr auffallend, insofern als bei den Vierfüßern die Rumpflast nicht in kraniokaudaler, sondern in einer zur Längsachse des Tieres senkrechten Richtung wirkt. Freilich ist zu erwähnen, daß bei Säugetieren ebenso wie beim Menschen die Wirbelkörper durch Muskelzug gegeneinander gepreßt werden.

Die amphicölen Wirbel großer Knochenfische zeigen eine schöne Außenarchitektur, bestehend aus starken Längspfeilern und etwas schwächeren Querstäben.

Im Kreuzbein zeigen mehrere Wirbelkörper, nach Abb. 2 der 1., 2. und 5., trotz der anderen Beanspruchung den typischen Bau der Brust- und Lendenwirbel. Im 3. Wirbelkörper des Kreuzbeins fällt eine gebogene Platte auf, die von der hinteren Wand abgeht, ihre Konkavität nach vorn und oben kehrt und andere, vertikal und schräg stehende Plättchen kreuzt. Im 4. Kreuzbeinwirbelkörper sieht man gekreuzte schrägverlaufende Züge, die dorsi- und ventriascendenten Plättchen entsprechen.

Man könnte versucht sein, den abweichenden Bau der mittleren Kreuzbeinwirbel mit mechanischen Kräften in Zusammenhang zu bringen, die die stärkere Ausbiegung der Knochenachse veranlaßt haben (Bandzug). Ich vermag aber eine derartige kausale Beziehung nicht zu erkennen. Dagegen glaube ich, daß hier, ebenso wie anderwärts, die äußere Form des Knochens bestimmend ist.

Krause bildet einen Schnitt durch das Kreuzbein ab, der parallel zu seiner vorderen Fläche geführt ist, und darin einen Spongiosazug, der vom Körper des ersten Kreuzbeinwirbels durch die Pars lateralis bis zur Articulatio sacroilica reicht, der Zug gehört zu dem „Trajectorium der aufrechten Haltung", das sich weiter durch das Hüftbein (s. d.) und den Oberschenkel zieht und nach Walkhoff den Anthropoiden fehlen soll.

2. Costae.

Im Köpfchen der mittleren Rippen und im größten Teil des Halses (Abb. 6) stehen vertikale Gitter, die aus dünnen Stäben bestehen, aus Plättchen herausgeschnitten zu sein scheinen und sich unter annähernd rechten Winkeln und die Knochenachse unter 45° schneiden. Weiter nach vorn ragen in die Markhöhle der Rippe nur in geringerer Anzahl größere und kleinere plättchenförmige Vorsprünge hinein, die besonders von der lateralen, auch der oberen und unteren Wand abgehen.

In der vorderen Hälfte der Rippe (Abb. 7) treten zunächst etwa 3—4 ineinander geschachtelte, verbundene Hohlzylinder auf. Im Endstück liegt ein feines, rundliche Maschen einschließendes Netzwerk, in dem man bei genauem Zusehen Andeutungen eines nicht ausgebauten Kuppelsysten erkennen kann.

Bei der Ossifikation der Rippen zeigen sich nacheinander perichondrale Knochenmanschette, enchondrale Bälkchen, definitive perichondrale Compacta und Spongiosa.

3. Sternum.
(Nicht abgebildet.)

Das ganze Brustbein, Corpus und Manubrium, ist erfüllt von einer feinen rundmaschigen Spongiosa. Stellenweise sind die Maschenreihen orientiert, so in der Mitte des Corpus von der vorderen Fläche unten zur hinteren Fläche oben, oder ausstrahlend von der Incisura clavicularis teils parallel zum oberen, teils parallel zum Seitenrande. Bei der Ossifikation schließt der enchondralen sich die perichondrale Verknöcherung an (Bidder).

B. Kopfskelett.

1. Os occipitale und Os sphenoides.
(Nicht abgebildet.)

In dem basialen Teil des Hinterhauptsbeines und im Körper der Keilbeines fallen beim Erwachsenen ziemlich weite, sagittal verlaufende Röhren auf. Man gewinnt auf Querschnitten einen guten Einblick in die Tubuli, das Bild erinnert hier an den Querschnitt von Wirbelkörpern. An der Stelle der Verbindung der beiden Knochen findet man eine etwa 2 mm breite feinere rundmaschige Spongiosa.

Bei der Entwicklung beteiligen sich enchondrale und perichondrale Ossifikation. Nach Bidder zeigen sich an den Fugenknorpeln (Synchondrosis intersphenoidalis und S. spheno-occipitalis) „die Knorpelzellen in ganz bestimmter Weise gerichtet, so daß man an ihnen bereits erkennen kann, welche Gestalt und Richtung auch das sie später ersetzende Knochengewebe haben wird".

Die Spongiosa, die die Hinterhauptscondylen erfüllt, besteht aus großen runden Maschen mit dünnen Zwischenwänden.

2. Maxilla.

In der Spongiosa des Oberkiefers fällt zweierlei auf, einmal die kleinen ganz unregelmäßig begrenzten, meist vieleckigen Spongiosamaschen, die man findet, wenn man den Knochen in der Fossa canina und an den benachbarten Teilen des Proc. alveolaris aufmeißelt, und zweitens die fast horizontal liegenden Plättchen, die die einzelnen Zahnfächer miteinander verbinden (Abb. 8). Die zuerst genannte Spongiosaform deutet darauf hin, daß die Hemmungen, die das Eigenwachstum der Bildungszellen erfuhr, sehr wechselnder Natur waren, entsprechend der unregelmäßigen Form des Knochens. Den Plättchen zwischen den Zahnfächern könnte man versucht sein eine mechanische Deutung zu geben, man könnte daran denken, sie als Stützen aufzufassen, die einen beim Kauakt auf sie ausgeübten Druck aufnehmen. Es ist nicht zu bezweifeln, daß der Kaudruck (abgeschwächt) bis in die Spongiosa fortgeleitet wird. Die Richtung dieses Druckes zu bestimmen, ist sehr schwer; daß er zwischen den Zahnfächern genau oder fast genau horizontal verlaufen sollte, halte ich für sehr fraglich. Eine funktionelle Regulation, wenigstens ihrer Dicke, erscheint immerhin denkbar. Dieselbe Frage wird uns beim Unterkiefer beschäftigen. Schröder beschrieb auf Grund von Röntgenaufnahmen keilförmige Spongiosaverdichtungen, die sich an die Zahnfächer der Schneidezähne, der Prämolaren und besonders an den Alveolus des Eckzahnes anschließen, und denen eine mechanische Bedeutung zukommen soll. Die anatomische Präparation der Spongiosa ergibt jedoch, daß scharf abgegrenzte Verdichtungsgebiete in Wirklichkeit nicht vorhanden sind.

3. Mandibula.

Im Aste des Unterkiefers liegen in großer Markhöhle vereinzelte dünne Bälkchen, ferner Plättchen, die den Angulus mandibulae in einem nach hinten unten konvexen Bogen überbrücken. Wenig charakteristische Elemente begleiten den Kieferkanal (nicht abgebildet). Zwischen den Zahnfächern liegen auch hier, ebenso wie im Oberkiefer, annähernd horizontal gestellte Plättchen (Abb. 9), ebensolche finden sich zwischen den Zahnfächern und den Wänden des Knochens; ich kann ihrer Anordnung hier ebensowenig wie dort eine mechanische Bedeutung zuerkennen, wie sie Toldt annimmt.

Auf einem Medianschnitt durch den Unterkiefer (Abb. 10) sieht man, daß annähernd in der Höhe der Spina mentalis ein starker Spongiosabalken von der kompakten hinteren Platte des Kiefers abgeht. Man hat ihn als „Trajektorium" des Musc. genioglossus bezeichnet, wie man noch andere in der Nähe liegende Spongiosazüge mit dem Geniohyoideus und dem Digastricus in Verbindung brachte (Walkhoff). Das geschah aber zu Unrecht. Der Genioglossus hat keine deutlichen Beziehungen zu dem erwähnten Balken. Sein Ansatz am Knochen variiert sehr, ebenso wie der des Geniohyoideus. Der Balken ist aufzufassen als Träger eines kleinen gefäßführenden (in der Abbildung nicht getroffenen) Kanälchens (Weidenreich). Bemerkenswert sind die Angaben Toldts über die Ansatzstelle des Genioglossus bei älteren Embryonen und kleinen Kindern. Meistens findet sich zu dieser Zeit an der Stelle des oberen Teils der späteren Spina mentalis ein rundes vertieftes rauhes Knochenfeld. Bisweilen sieht man hier auch eine nach vorn abgegrenzte Auflagerung von Knochenbälkchen, die aus der hinteren Kieferplatte hervorgesproßt sind.

4. Os zygomaticum.
(Nicht abgebildet).

Im Jochbein tritt die Spongiosa in zwei Formen auf, man findet Plättchen und schwammartige Bildungen, große blasenartige Hohlräume mit zarten, vielfach zerrissenen Wänden. Es kommen auch, wie es scheint, individuelle Variationen vor, bald überwiegt der eine, bald der andere Typus. Gewöhnlich liegen in der Lamina malaris geschichtete Konturplättchen, die oben der Facies temporalis parallel sind, unten der leichten Krümmung der Facies malaris folgen. In den Proc. temporalis ziehen sich einige kurze an den Wänden entlang laufende Rinnen hinein. In demjenigen Teil, der dem Oberkiefer anliegt und im Proc. frontosphenoidalis erscheint die schwammige Substanz. Die den Knochen durchziehenden Kanäle sind mit einer dicken kompakten Wand ausgestattet.

C. Skelett der oberen Extremität.

1. Scapula.

Im Angulus lateralis liegt dicht unter der Gelenkfläche eine Reihe rundlicher Maschen. Darunter stehen radiäre Plättchen, die von z. T. weniger gut entwickelten zirkulären gekreuzt werden (Abb. 11). Die kaudalen der radiären Plättchen gehen in lange, weit vorspringende, weit voneinander abstehende Plättchen im gewulsteten Seitenrand der Scapula über.

Im Proc. coracoides verlaufen parallel zur oberen Fläche mehrere (3—6) geschichtete Konturplättchen (Abb. 11). Sie werden von Plättchen gekreuzt, die von der unteren Seite erst unter rechtem, mehr nach dem Ende des Fortsatzes zu unter spitzem Winkel abgehen, so daß in dem äußeren Teil Gewölbe- oder Kuppelbildungen angedeutet werden.

Das Acromion ist genau ebenso gebaut wie der Proc. coracoides. Ebenfalls finden sich am oberen Rande geschichtete Konturplättchen und kreuzende Plättchen, die von der unteren Seite meist unter spitzem Winkel abgehen Auch hier sieht man Andeutungen von Gewölbebildung.

Die Ossifikation der Scapula beginnt perichondral und verläuft wie diejenige der Rippen (S. 10).

2. Clavicula.

Das sternale Ende des Schlüsselbeines zeigt ein feines Gitterwerk mit dünnen Stäben, das besonders engmaschig unter der Gelenkfläche ist. Die Stäbe sind platt. Teilweise läßt sich erkennen, daß die Gitter schräg stehen, von hinten medial nach vorn lateral und umgekehrt (Abb. 12).

Der mittlere Teil enthält Hohlzylinder (ca. 4), deren Achse der Biegung des Knochens folgt und die durch Brücken miteinander in Verbindung stehen.

Im acromialen Ende werden die Hohlzylinder zu Halbzylindern, die nur das dorsale Drittel des Knochens einnehmen. Ventral davon liegt ein lockeres Maschenwerk dünner Plättchen. Bisweilen sieht man hier Züge, die zusammen mit einigen der genannten Halbzylinder kuppelförmige Bildungen andeuten, wie sie vorwiegend in langen Extremitätenknochen vorkommen.

Die Ossifikation der Clavicula beginnt in der Mitte bindegewebig und setzt sich nach den Seiten hin perichondral fort.

3. Humerus.

Im proximalen Humerusende (Abb. 13) enthält der Diaphysenkolben ein aus Gittern bestehendes System von Kuppeln und Kelchen. Oben, wo der Kolben stark ausladet und die Epiphyse aufgesetzt ist, schließen sich Hohlzylinder mit annähernd längsgerichteter Achse an. Diese Zylinder sind aber nicht einheitlich, sondern bestehen aus drei Teilen, von denen zwei kleinere in den Tubercula liegen, ein größerer in den Kopf an dessen medialer Seite eindringt und entsprechend der Richtung des kurzen Halses leicht eingebogen ist. Überall sind die Plättchen durch sekundäre Bauelemente verstrebt. Die Epiphyse enthält eine dichte, aus meist eckigen Maschen bestehende Spongiosa, in der sich die erwähnten Kelche größtenteils verlieren.

Die Beanspruchung, die das proximale Humerusende erfährt, wechselt außerordentlich, wegen der zahlreichen verschiedenartigen Bewegungen, die der Arm ausführt. Es handelt sich darum, daß der Oberarmkopf durch den Zug der Muskeln, die das Schultergelenk umgeben, gegen das Gelenkende des Schulterblattes gedrückt wird. Dabei kann die resultierende Kraft sehr verschiedene Richtungen im Raum einnehmen. Der Wechsel ihrer Richtung ist zwar unter gewöhnlichen Umständen nicht allzu beträchtlich, weil meist nur ein Teil des im Gelenk möglichen Bewegungsumfanges ausgenützt wird. Er ist aber noch groß genug, um die Aufstellung genauer Beziehungen zwischen Beanspruchung und Architektur zu verhindern. Zudem sehe ich unter allen möglichen Stellungen des Oberarmes keine, in der das proximale Humerusende eine solche Beanspruchung erfährt, daß in bezug auf sie seine Struktur spannungstrajektoriell wäre.

Auch Biegungsbeanspruchungen kommen am Humerus vor, deren Stärke und Lage wechselt (vgl. meine Arbeit von 1922). Es lassen sich aber keine Beziehungen feststellen, die zwischen ihnen und dem Spongiosabau beständen, weder im proximalen noch, wie vorweggenommen werden soll, im distalen Ende.

Nicht viel besser geht es uns mit dem Versuch einer mechanischen Deutung bei dem proximalen Ende von tierischen Humeris. Diese zeigen in ihrer Architektur bald Verhältnisse, die den beim Menschen beobachteten ähnlich sind, bald weichen sie mehr oder minder davon ab (R. Schmidt). Gut ausgebildete Kuppeln finden sich beim Hund, wo sie weit in der Diaphyse hinabreichen. Beim Delphin ist die Diaphyse mit ähnlichen Bildungen vollständig erfüllt, so daß man auf Längsschnitten äußerst zahlreichen bogenförmig verlaufenden sich kreuzenden Linien begegnet. Hier liegt die Versuchung besonders nahe, von einer Biegungsstruktur zu sprechen, möglicherweise würde eine genaue Analyse der typischen Bewegungen des Delphinhumerus die Richtigkeit der Annahme, der Knochen werde auf Biegung beansprucht, beweisen; aber keinesfalls ist diese Beanspruchung die Ursache der Strukturbildung. In solchen Humeris, deren Gelenkkopf exzentrisch liegt, sieht man auf Schnitten häufig Züge, die von der medialen Compacta in geradem Verlauf zur Gelenkfläche aufstreben (so beim Rind, Schaf, Marder u. a.). Es handelt sich um stärker entwickelte Teile von röhrenartigen oder ähnlichen Hohlgebilden. Solche Humeri besitzen eine gewisse Femurähnlichkeit, auch ihre Beanspruchung nähert sich derjenigen des Femurs, und die erwähnten Spongiosateile können als spannungstrajektoriell angesehen werden, womit, wie betont werden muß, nur etwas über ihre Lage, aber nichts über ihre kausalen Beziehungen ausgesagt wird. In Wirklichkeit handelt es sich um harmonisch eingefügte Spongiosaelemente, die funktionell reguliert sind.

Abb. 14 zeigt das mechanisch nicht zu erklärenden Relief an dem proximalen Ende der Humerusdiaphyse eines 16jährigen Individuums. Die Epiphyse, die auf dem abgebildeten Relief rechts mit dem Kopf, links mit den Tubercula aufsitzt, zeigt an der Unterseite ein ganz entsprechendes Relief.

Ein Frontalschnitt durch denselben jugendlichen Humerus (Abb. 15) läßt erkennen, daß die Spongiosa in der Mitte der Diaphyse aus einem System von Kuppeln und Kelchen besteht, deren Durchschnitte sich als schöne Spitzbogen darstellen. Die Kuppelwände sind aus Gittern gebildet. Nach außen folgen im Diaphysenkolben Hohlzylinder, von denen oben medial an der Stelle des Halses wegen der leichten Einziehung der medialen Wand nur Ausschnitte vorhanden sind. Die beschriebenen Spongiosaelemente erscheinen dort, wo sie an die Epiphysengrenze anstoßen, wie abgeschnitten; an einzelnen Stellen sind sie allerdings von dieser noch durch eine geringe Menge rundmaschiger Spongiosa getrennt.

Die zugehörige **Epiphyse** läßt auf dem Frontalschnitt (Abb. 15) drei, allerdings nicht scharf voneinander getrennte Zonen unterscheiden. In der medialen, der größten Zone liegt eine rundmaschige Spongiosa, die in der Nähe der Epiphysengrenze lockerer wird, während ihre Zwischenwände gegen diese Grenze konvergieren. Darauf folgt ein Gebiet mit dünnen Bälkchen, die eckige Maschen umschließen. Endlich, im Tuberculum majus, sieht man einige wenige, starke, verstrebte Plättchen, die der Außenwand parallel sind. Sie haben genau dieselbe Richtung wie Teile der vorhin in der Diaphyse beschriebenen Hohlzylinder, unterscheiden sich aber von diesen wesentlich hinsichtlich der Dicke und der Dichtigkeit der Lagerung.

Im **Humerusschaft** hebt sich ein vielfach durchlöchertes, nicht ganz ebenes Konturplättchen von der Röhrenwand ab. Im distalen Teile des Schaftes (Abb. 16) sieht man an dessen Stelle einige gitterförmig durchbrochene Plättchen, deren Gitterstäbe sich selbst unter rechtem Winkel und die Knochenachse unter 45° schneiden. Daran schließen sich dicke, an der hinteren Diaphysenwand vorspringende Leisten, die in schräger Richtung nach dem Gelenkende ziehen.

Die Spongiosa der **Trochlea** enthält sagittale, nach der Medianebene zu leicht konkave Plättchen und ferner solche, die von der vorderen und hinteren Rollenwand entspringen, besonders dicht neben der Fossa olecrani und der Fossa coronoidea. Diese Plättchen laufen schräg nach unten, wobei die hinteren nach vorn, die vorderen nach hinten gewandt sind. Sie kreuzen einander rechtwinkelig und treffen unter rechten Winkeln auf die Gelenkflächen. An einem Punkte der hinteren Wand sind sie bei ihrem Ursprung so dicht gelagert, daß sie von hier aus nach Art eines **Albert**schen Radianten divergieren, wie Sagittalschnitte zeigen.

Die sagittalen und die von der vorderen und hinteren Wand entspringenden Plättchen lassen sich auch in dem **Capitulum** nachweisen, in den **Epicondylen** verlieren sie sich in einem engmaschigen Spongiosanetz, von dem sich nur an dem medialen Epicondylus einige Konturplättchen abheben. Auf dem Frontalschnitt (Abb. 16) erkennt man die sagittalen und absteigenden Plättchen als vertikale und horizontale Züge.

Die **Beanspruchung** des distalen Humerusendes wird durch die Muskeln bewirkt, die vom Oberarm zum Unterarm ziehen und die Ulna und den Radius gegen den Humerus pressen.

Die Spongiosaelemente des distalen Humerusendes sind wohl nicht, wie ich früher glaubte, als spannungstrajektoriell zu bezeichnen, dagegen erscheinen sie deutlich als harmonisch eingefügt.

4. Ulna und Radius.

Die beiden Knochen des Unterarmes zeigen im **proximalen Ende** einen charakteristischen Bau. Bei der **Ulna** ragen in der Höhe der Tuberositas teils vereinzelte, teils gehäufte anscheinend regellose Plättchen in die Markhöhle. Dichter wird die Spongiosa im Processus coronoïdes und im Olecranon. In jenem liegen frontal gestellte verstrebte Plättchen, die von der vorderen Compacta oberhalb der Tuberositas entspringen und leicht divergierend nach dem starken Compactalager ziehen, das die Grundlage der Incisura sigmoides bildet. In das Olecranon schiebt sich ein gut ausgebildetes System von Kuppeln und Kelchen hinein.

Auf **Sagittalschnitten** (Abb. 17) durch das proximale Ulnaende sieht man im Proc. coronoides in der Längsrichtung verlaufende, fast parallele Linien, im

Olecranon rechtwinkelig gekreuzte gebogene Linien als Durchschnitte der Kuppeln und Kelche.

Im **proximalen Radiusende** (Abb. 18) liegen Hohlzylinder, die auf der Gelenkfläche senkrecht aufstehen und von horizontalen, ein wenig nach außen (bei Pronationsstellung) ansteigenden Plättchen gekreuzt werden.

Die **Beanspruchung** der proximalen Enden der Unterarmknochen geschieht durch dieselben Kräfte wie die des distalen Humerusendes. Anzeichen eines spannungstrajektoriellen Spongiosabaues im proximalen Ulnaende sind, abgesehen von der rechtwinkeligen Kreuzung der Bauelemente, nicht zu erkennen. Man müßte denn die frontalen Plättchen des Proc. coronoides heranziehen, in die wenigstens bei gestrecktem Unterarm die Druckrichtung fällt.

Beim Radius liegt der Gedanke an einen Zusammenhang zwischen Struktur und Funktion näher. Harmonisch eingefügt ist die Struktur hier wie dort, ihre funktionelle Regulation wird im Radius und im Proc. coronoides ulnae deutlich.

Auch Biegungsbeanspruchungen von wechselnder Stärke und Lage kommen in den Knochen des Unterarms vor (vgl. meine Arbeit von 1922), kausale Beziehungen zwischen ihnen und dem Spongiosabau bestehen aber nicht, weder im proximalen, noch, wie vorweggenommen werden soll, im distalen Ende.

Die **distalen Enden von Ulna und Radius** (Abb. 19) zeigen in ihrer Spongiosa längsgestellte röhrenförmige Gebilde, deren Querverbindungen sehr unregelmäßig sind, die längslaufenden Elemente sind vielfach durchlöchert, sie stehen auf einer die distalen Gelenkflächen überlagernden sehr dichten Spongiosa senkrecht auf und erstrecken sich auch in die Proc. styloides radii und ulnae hinein.

Durch den Zug der Beuge- und Streckmuskeln, die vom Unterarm zu Hand und Fingern ziehen, werden die Knochen der Handwurzel gegen Radius und Ulna angepreßt, die Architektur im distalen Radius- und Ulnaende ist harmonisch eingefügt und funktionell reguliert.

5. Ossa carpi.
(Abb. 20.)

Im **Naviculare** liegen überall kleine rundliche Maschen, die von dünnen Knochenwänden umgeben sind. Nur an einer kleinen Stelle der Facies capitata sieht man einige auf ihr senkrecht aufstehende Plättchen.

Im **Lunatum** sind die Elemente etwas gröber. Auf der Facies radialis stehen Plättchen senkrecht auf, die den Seitenflächen parallel sind. Dazwischen finden sich annähernd senkrechte Verstrebungen. Dem Capitatum benachbart sieht man eine schmale, sehr dichte, fast kompakte Masse.

Das **Triquetrum** zeigt eine feinere Struktur mit teils rundlichen, teils unregelmäßig polygonalen Maschen. In der Mitte liegt ein kompakter Kern von 2×4 mm Größe. In der Nachbarschaft des Hamatum finden sich senkrecht zur Gelenkfläche sehr dicht stehende Plättchen, die parallel zur Seitenfläche sind.

Im **Pisiforme** finden sich sehr kleine runde Maschen, die von dünnen Knochenwänden umgeben und teilweise in zum lateralen Rande parallelen Reihen angeordnet sind.

Im **Multangulum majus** ziehen, umgeben von rundmaschiger Spongiosa, plattgedrückte Gitter, die fast parallel zur Palmarfläche liegen, von der proximalen (hier sind sie besonders deutlich) zur distalen Gelenkfläche.

Das **Multagulum minus** zeigt Plättchen mittlerer Stärke, die parallel der Palmarfläche und der Medianebene sind, daneben wenig quergestellte (parallel der Schnittebene verlaufende).

Im Capitatum sieht man an der proximalen und distalen Gelenkfläche rundmaschige Spongiosa, in der Mitte starke der Palmarfläche parallele Plättchen und durchbrochene Querplättchen; Plättchen, die der Medianebene parallel sind, treten weniger deutlich hervor, sind aber doch vorhanden.

Im Körper des Hamatum finden sich Gitter mit rechteckigen Maschen in drei aufeinander senkrechtstehenden Lagen, besonders gut ausgebildet sind die querliegenden.

Es fällt auf, daß im allgemeinen die Knochen der proximalen Reihe feinere, die der distalen Reihe gröbere Spongiosaelemente enthalten. Nicht fern liegt es, diese Erscheinung mit mechanischen Verhältnissen in Zusammenhang zu bringen, etwa damit, daß die Knochen der ersten Reihe bei den Bewegungen der Hand sich zwischen zweiter Reihe und Unterarmknochen ziemlich ausgiebig verschieben, während die Knochen der zweiten Reihe fest mit den Mittelhand-knochen verbunden sind. Jedenfalls haben die Plättchen in den Knochen der distalen Reihe, deren harmonische Einfügung unverkennbar ist, durch starken Bandzug (Lig. carpi radiatum) eine funktionelle Regulation erfahren.

Ich habe die Knochen der distalen Knochenreihe parallel ihrer größten Längsachse geschnitten (vgl. Erklärung der Abbildung) und so abgebildet, um möglichst viel von der Architektur zeigen zu können. Wenn ich sie im Zusammen-hang quergeschnitten hätte, so würde man sehen, daß Züge aus dem einen sich in den benachbarten Knochen fortzusetzen scheinen. Mindestens würde das für das Hamatum und Capitatum gelten, vielleicht auch für das Multangulum minus. Gleiche Verhältnisse zeigen sich in besonders auffallender Weise an den Knochen der distalen Tarsalknochenreihe.

Die Verknöcherung der Handwurzelknochen und ihrer Spongiosa erfolgt enchondral.

6. Ossa metacarpi und Phalanges manus.

Die Metacarpalknochen (Abb. 21) zeigen in ihrer Basis eine Anzahl ineinander geschachtelter Hohlzylinder. Diese werden von Querplättchen ge-kreuzt, zwischen denen mäßige Abstände liegen, so daß ein (bisweilen sehr deut-licher) Etagenbau entsteht. Nur unmittelbar unter der proximalen Gelenkfläche findet sich eine einfache Lage von Rundmaschen.

Im distalen Teil der Metacarpalknochen liegt ein System von Kuppeln, die anschließenden Kelche treten in der ziemlich dichten Spongiosa der Epi-physen (Köpfchen) weniger deutlich hervor.

Der Bau der Phalangen (Grund-, Mittel- und Endphalangen, Abb. 21) ähnelt demjenigen der Metacarpalknochen in weitgehendem Maße, wobei na-türlich die abnehmenden Größenverhältnisse nicht ohne Einfluß bleiben können. Das proximale Ende enthält, wie dort die Basis, nahe der Gelenkfläche eine einfache Lage von Rundmaschen und darauf aufruhend Hohlzylinder und einen durch Querwände bedingten Etagenbau. Nach dem Mittelstück zu schließen sich eine oder mehrere Platten an, die nicht genau quer stehen, sondern volar- und distalwärts ansteigen.

Im distalen Endstück zeigt die Grundphalanx Kuppeln, die Kelche verlieren sich in einem dichten Spongiosanetzwerk. In der 2. und 3. Phalanx sind auch die Kuppeln undeutlich, an ihre Stelle treten einzelne stärkere Bälkchen, die distal- und dorsalwärts ansteigen.

Abb. 22 zeigt den Längsschnitt durch eine Mittelphalanx von der Hand eines 3 monatlichen menschlichen Embryos bei 80 facher Vergrößerung. Auf der einen Seite hat sich die perichondrale Knochenmanschette etwas abgehoben. In der Mitte liegen großblasige Knorpelzellen, umgeben von verkalkter Knorpelgrundsubstanz. Um diesen Kern sind die Knorpelzellen in konzentrischen Reihen angeordnet.

Abb. 23 gibt einen Schnitt durch die Epiphysengrenze einer Mittelphalanx vom Neugeborenen wieder. Man sieht die bestimmt gerichteten Knorpelzellsäulen, die Ausstülpungen der primären Markhöhle mit ihrem zelligen Inhalt und die aus der verkalkten Knorpelgrundsubstanz herausgeschnittenen Plättchen und Bälkchen (vgl. meine Arbeit von 1922).

D. Skelett der unteren Extremität.

1. Os coxae.

Unter dem Acetabulum finden sich radiäre und zirkuläre Plättchen, aber nur im Gebiet der Facies lunata, während man unter der Fossa acetabuli die regelmäßige Anordnung der Spongiosaelemente vermißt. Ein Teil der radiären Plättchen läßt sich ins Darmbein verfolgen (in der Abb. 24 durch einen Streifen angeschnittener Compacta unterbrochen) bis zur Facies auricularis, die in der Abbildung durch eine Rosette vorspringender Bälkchen kenntlich ist. Dieser Zug gehört zu dem von Krause nach Walkhoff beschriebenen „Trajectorium der aufrechten Haltung". (Vgl. S. 9 und S. 20).

Das Darmbein weist außerdem, abgesehen von einigen Konturplättchen im Körper und im hinteren Teil der Schaufel dichte rundmaschige Spongiosa auf.

Die Spina ischiadica wird durch einen breiten Zug von Plättchen, der die kompakte Substanz in der Tiefe der Incisurae ischiadicae verbindet, von den anderen Teilen des Hüftbeins getrennt.

Im absteigenden Aste des Sitzbeines entspringen von der vorderen und hinteren Wand dichtgedrängte absteigende gekrümmte Plättchen, wodurch kranial dicht übereinander gelagerte, muldenähnliche, kaudal, im Tuber ischii, ebenso geschichtete dachähnliche Gebilde entstehen.

Im Symphysenteile des Schambeins (nicht abgebildet) liegen große blasenförmige Hohlräume mit dünnen durchbrochenen Zwischenwänden. Im Tuberculum pubicum finden sich einige geschichtete Konturplättchen. Im oberen Schambeinaste sieht man einige kuppelförmige Bildungen. Die Kelche verlieren sich in Konturplättchen und darunterliegender unregelmäßiger Spongiosa der Eminentia iliopectinea. Im unteren Schambeinaste und unteren Sitzbeinaste liegen neben kleinen rundlichen Maschen einige von der hinteren Wand entspringende niedrige, in der Astrichtung verlaufende Plättchen.

Die Verknöcherung des Hüftbeines geht in derselben Weise vor sich wie diejenige der Rippen (S. 10) und der Scapula (S. 12).

2. Femur, proximales Ende.

Der Spongiosabau (Abb. 25) kann hier im wesentlichen auf mehrere Kuppel- und Kelchsysteme zurückgeführt werden. Die Kuppeln beginnen etwa in der Höhe des unteren Endes vom kleinen Trochanter. Die lateralen Kuppelwände entspringen an der Compacta nicht in horizontalen, sondern in leicht nach Art eines Schraubenganges ansteigenden Linien. Das zeigen Präparate, die man durch Entrinden des Knochens erhält (Abb. 26). Die hierbei freigelegten Spongiosaplättchen erinnern an die dachziegelförmig geschichteten Blätter eines Tannenzapfens (Albert). Die vorderen Kuppelwände gehen zuerst unter sehr stumpfem Winkel von der Compacta ab, und die Kuppelspitzen liegen nach hinten von der Knochenachse. Bald jedoch rücken sie vorwärts, um fernerhin ungefähr in der Achse zu bleiben. Die oberste Spitze des Kuppelsatzes findet sich dicht unter der oberen Compacta des Femurhalses, nahe dem Trochanter major.

Hier weichen die beiden Hälften der obersten Kelche auseinander. Während die lateralen Hälften sich im großen Trochanter verlieren, ziehen die medialen unter der oberen Wand des Halses weiter und werden zu oberen Hälften einer zweiten Reihe von Kuppeln, deren untere Hälften als sehr starke und dicht gedrängte Blätter im wesentlichen von der sog. Tragleiste entspringen, jenem mächtigen Abschnitt der Compacta, der an der medialen Seite des obersten Diaphysenteiles liegt und erst im Halse sich allmählich verschmächtigt. Dieser zweite Kuppelsatz und die obere mediale Grenze des ersten schließen im Anfangsteil des Halses einen ungefähr keilförmigen Raum zwischen sich, der von lockerer Spongiosa erfüllt ist, das Wardsche Dreieck (so genannt nach dem von Ward aufgestellten Schema). Das Dreieck ist nicht immer gut ausgebildet, so auch nicht im Falle der Abb. 25.

Der zweite Satz von Kuppeln mit den anschließenden Kelchen erstreckt sich bis in den Femurkopf, wo der letzte Kelch die Ansatzstelle des Ligamentum teres umfaßt.

Der bisher geschilderte Bau wird — abgesehen von kleineren Elementen — vor allem vervollständigt durch bestimmte vertikale Plättchen. Diese gehören zu zwei Radianten, deren einer von einer Compactaverdickung an der hinteren Seite des Halses ausgeht. Er ist am besten auf Schnitten zu sehen, die durch den Hals in der Nähe seines oberen Randes und parallel zu diesem gelegt sind (Abb. 27). Seine lateralen Plättchen sind gröber, seine medialen, die in den Kopf einstrahlen, feiner gebildet. Der zweite Radiant entspringt von dem Merkelschen Sporn. Dieser selbst kann als eine dicke längs gerichtete Leiste geschildert werden, die in einer Länge von mehreren Zentimetern dicht vor dem Trochanter minor an der Innenseite der Corticalis vorsteht. Von der Leiste gehen in größerer Menge vertikal stehende Blätter ab, die nach vorn und hinten divergieren. Sie lassen sich bis in den Anfangsteil des Halses hinein verfolgen.

In dem abgebildeten Horizontalschnitt (Abb. 28) sieht man außer den Plättchen des Radianten noch andere vertikale (annähernd frontale) Plättchen, die jenseits der sehr deutlichen Epiphysennaht im großen Rollhügel liegen, unterhalb des noch zu beschreibenden Kuppelsystems.

Im Trochanter major ist ein drittes System von Kuppeln und Kelchen nachzuweisen. Die lateralen Wände der Kuppeln entspringen in der äußeren Wand des Trochanters, an dem untersten, nach unten geneigten Abschnitt. Sie schließen sich unmittelbar an die Plättchen des ersten Systemes an, sind aber zarter als diese. Die medialen Wände der Kuppeln sind identisch mit den lateralen Wänden der Kelche des ersten Systems. Dazu kommt ein Radiant, der von einem Compactakern an der medialen Seite des Trochanters entspringt, dort, wo sich der Musc. obturator internus ansetzt. Der Radiant ist gut zu sehen auf einem vertikalen Schrägschnitt, der durch die beiden Trochanteren geführt worden ist (Abb. 29). Der Compactakern liegt etwas hinter der Ebene des in Abb. 25 dargestellten Frontalschnittes. Die unteren Blätter des Radianten gehen über in laterale, die oberen in mediale Kuppelwände des Trochantersystems.

Krause nennt die Leiste, die auf dem Querschnitt sich als Schenkelsporn darstellt, Linea femoralis interna, sie macht den Eindruck einer nach innen verlagerten hinteren Knochenwand. Dixon verwendet dieselbe Bezeichnung in einem weiteren Sinne. Er versteht darunter den (von der Schenkelspornleiste ausgehenden) Umfang eines im Femur liegenden Innenkörpers, zu dessen Ausschälung im wesentlichen die Abtragung der Tronchanteren genügt. Nur der Innenkörper erfüllt die Aufgabe die Körperlast zu tragen. Er ähnelt dem reduzierten Femur im Meyerschen Schema (s. u.).

Die Bilder, die man auf Schnitten durch das proximale Femurende erhält, lassen sich aus der gegebenen Schilderung des Baues ohne Schwierigkeiten ableiten. Der mit Vorliebe abgebildete frontale Medianschnitt zeigt vor allem die Durchschnitte der Kuppeln und Kelche des ersten und zweiten Systems (Abb. 25). Die schönen gotischen Spitzbogen, die man im Schaft sieht, sind Schnitte durch die Kuppeln des ersten Systems, diejenigen im Hals Schnitte durch die Kuppeln des zweiten Systems.

Die gewöhnlich als „Drucklinien" beschriebenen Züge sind nichts anderes als die durchgeschnittenen lateralen Kelch- und medialen Kuppelwände des zweiten Systems, die „Zuglinien" sind die durchgeschnittenen lateralen Kuppel- und medialen Kelchwände des ersten und ferner auch die lateralen (oberen) Kuppel- und medialen (unteren) Kelchwände des zweiten Systems. Sagittale Schnitte, die parallel der Achse durch den Schaft oder durch Hals und Kopf geführt sind, zeigen wiederum gekreuzte bogenförmige Linien, bisweilen nicht mit derselben Deutlichkeit wie Frontalschnitte. Im Schaft kommen dazu längslaufende Linien als Ausdruck der durchgeschnittenen Blätter des vom Schenkelsporn ausgehenden Radianten. Wolff sah auf einem sagittalen Schnitt, der genau längs der Achse geführt war, Bauelemente, die der Achse parallel und zu ihr senkrecht verliefen. Die von ihm gegebene Abbildung ist nicht deutlich, vielleicht spielt auch hier der Radiant des Schenkelsporns eine Rolle.

Ein durch die Basis des Halses geführter Sagittalschnitt zeigt unten vertikale Linien, die auf die Blätter des Schenkelspornradianten zurückzuführen sind, oben horizontale Linien, entsprechend den Kelchen des ersten Systems.

H. Meyer wies darauf hin, daß die Spongiosazüge, die ein medianer Frontalschnitt zeigt, große Ähnlichkeit mit den Zug- und Druckkurven besitzen, die in einen gebogenen Kran nach den Regeln der graphischen Statik eingezeichnet werden können. Er gab eine Zeichnung wieder, die unter Culmanns Aufsicht angefertigt worden war und die in einem femurähnlichen Kran auftretenden Trajektorien darstellte.

Wolff reproduzierte 1870 und noch einmal 1892 dieselbe Zeichnung nach einer Pause des Originals.

Widerspruch gegen die Krantheorie wurde deswegen erhoben, weil in Wirklichkeit einem Kran nie ein solcher innerer Bau gegeben wird, wie er sich bei Verlegung des Baumaterials in die Zug- und Drucklinien ergeben würde (Solger). Der Einwand hat Berechtigung, solange man bei dem Vergleich des Femurs mit einem Kran an Kranformen denkt, die der Konstrukteur aus bestimmten technischen Gründen entwirft, er verliert sie, wenn man bedenkt, daß der Kran Culmanns nur eine theoretische Fiktion ist.

Als ich 1908 selbst die Spannungstrajektorien in einem femurähnlichen Körper konstruierte, führte ich als beanspruchende Kraft außer der Körperlast den Zug der über das Hüftgelenk hinweggespannten Muskeln ein. Wie zu erwarten war, stimmte meine Zeichnung mit der Culmann-Meyerschen im Prinzip überein. Auf die Wiedergabe verzichte ich, da, wie ich glaube, die ganze Lehre von den insubstantiierten Spannungstrajektorien bald nur mehr historisches Interesse haben wird. Die Bahn, auf der sich die resultierende Muskelkraft und beim Stehen die Körperlast fortpflanzt, wird dargestellt durch die lateralen Kelch- und medialen Kuppelwände des zweiten Systems (s. o.). Es ist das der Spongiosazug (nach Walkhoff das Trajectorium) der aufrechten Haltung (vgl. S. 9 und 17). Dieser Zug erfährt eine funktionelle Regulation, und auch die ihn kreuzenden Spongiosaelemente werden durch die in ihnen auftretenden Spannungen in ihrer Ausbildung beeinflußt. Wenn aber auch der Hals des Femurs auf Biegung (Knickung) beansprucht wird, so darf man doch nicht sagen, er enthalte eine Biegungsstruktur. Wie ich 1922 ausgeführt habe, dienen die Spongiosaelemente, die den sog. Zuglinien entsprechen, gar nicht der Übertragung reiner Zugspannungen. Hier ist einzufügen, daß an dem Femurschaft noch Biegungsbeanspruchungen wechselnder Stärke vorkommen, die meistens in vertikal-sagittalen Ebenen liegen (vgl. meine Arbeit von 1922). Ihre Wirkungen müssen sich bis in das obere wie auch das untere Schaftende erstrecken. Aber weder hier noch dort gibt es Beziehungen zwischen ihnen und der Spongiosastruktur.

Die Entwicklung des proximalen Femurendes wird in den Abbildungen 30—34 dargestellt. Abb. 30 zeigt seinen Querschnitt bei einem 6 Monate alten menschlichen Embryo. Die hier quergetroffenen enchondralen Knochenplättchen verlaufen, was man natürlich aus dem einen Bilde allein nicht erschließen kann, im wesentlichen in der Längsrichtung, sind dünn, gekrümmt, vielfältig verzweigt, untereinander verbunden und umschließen weite, in die Länge gezogene und breite Verbindungen zeigende Hohlräume, die das primäre Mark enthalten. An vielen Stellen hat sich der Osteoblastenüberzug von den Plättchen abgehoben. Am Rande des Präparates (nicht in der Abbildung) ist nur ein schmaler Saum perichondralen Knochens zu sehen. Etwas weiter vorgeschrittene Entwicklung der perichondralen Knochensubstanz zeigt der zum Vergleich abgebildete Querschnitt des Femurs eines älteren Embryos vom Hund (Abb. 31). Die im perichondralen Knochen (rechts) eingeschlossenen Hohlräume, die Anlagen der Haversschen Kanäle, sind enger als die Hohlräume des enchondralen Knochens, aber ebenfalls im wesentlichen längsgerichtet.

Beim weiteren Ausbau der Spongiosa findet fortgesetzt teilweise Resorption des Bestehenden und Anlagerung von neuem Knochenmaterial statt. Darum ist von Bälkchen und Plättchen, die einmal beim Kinde vorhanden gewesen sind, beim Erwachsenen nur wenig übrig geblieben, und Reste, die aus früheren Zeiten stammen, finden sich jedenfalls an einem in Beziehung zum ganzen veränderten Orte.

In ganz kurzer Zeit wird im proximalen Femurende der enchondrale Knochen verdrängt. Schon beim Embryo von 7 Monaten sehen wir eine aus perichondralem Knochen gebildete Architektur, noch schöner beim Neugeborenen (Abb. 32). Hier lösen sich in der Gegend des Diaphysenkolbens von der Knochenrinde zahlreiche Bälkchen ab, die durch viele breite Brücken verbunden, fast parallel zueinander in proximaler Richtung aufsteigen. Zwischen ihnen bleiben zuerst größere, dann kleinere Lücken erhalten. Von einer Überkreuzung der Strahlen ist nichts zu sehen. In den Hals einbiegende Strahlen sind wenig deutlich, hier liegt eine engmaschige Spongiosa mit kleinen Lücken, die selten eine Reihenstellung zeigen.

Weitere Bilder von Schnitten durch kindliche Femora veröffentlichte Wolff. Er glaubte, der Knochen wachse durch Intussuszeption oder Expansion und mußte so zu der Annahme kommen, daß die Architektur der Spongiosa von ihrer ersten Anlage an im wesentlichen immer die gleiche bleibe.

Wenn wir die Abbildungen Wolffs näher ins Auge fassen, so erkennen wir, daß trotz der bestehenden Ähnlichkeiten zwischen der Struktur des kindlichen und des erwachsenen Femurs von einer vollkommenen Übereinstimmung oder Kongruenz zunächst nicht die Rede sein kann. Im Diaphysenkolben zeigen sich bei einem neugeborenen Knaben nur divergierend aufsteigende Strahlen, und ähnlich liegen die Verhältnisse schon bei einem 7 Monate alten Fetus (R. Schmidt).

Bei einem $1^1/_4$ jährigen Knaben nehmen die Strahlen im untersten Teile die Form von Spitzbogen (Kuppeldurchschnitten) an, in dem noch sehr kurzen Hals kann man vielleicht eine Andeutung des Drucksystems erkennen. Bei einem dreijährigen Mädchen hat die Architektur des Diaphysenkolbens bereits die vom Erwachsenen her bekannten Merkmale angenommen. Die Spongiosa der Kopfepiphyse — vom Trochanter will ich absehen — ist bei ihrem ersten Auftreten noch durchaus ungeordnet. Bei dem dreijährigen Mädchen kann man schon das funktionell regulierte Drucksystem deutlich herauserkennen, was insofern besonders bemerkenswert ist, als die Knorpelfuge, also der Abstand von den Druckelementen in der Diaphyse noch ziemlich beträchtlich ist. An demselben Präparate ist eine spitzwinkelige Kreuzung der Bauelemente sehr ausgesprochen. Später nähert sich der Charakter der Architektur auch in der Epiphyse mehr und mehr dem definitiven.

Abb. 33 zeigt den Frontalschnitt durch das proximale Femurende eines 16 jährigen Individuums. Hier findet man im Diaphysenkolben und im Hals den Bau des erwachsenen Femurs wieder. An der Stelle des Drucksystems ist die Spongiosa äußerst dicht, die aufsteigenden Bälkchen- oder Plättchenzüge sind aber nicht zu verkennen. (An derselben Stelle zeigt der abgebildete Schnitt eine Verletzung.) Die Kopfepiphyse ist aus Röhrchen zusammengesetzt, die konvergierend nach der Knorpelfuge verlaufen. Im großen Trochanter sieht man von der späteren Struktur nur eine Andeutung des Radianten und einige laterale Konturplättchen (laterale Kuppelwände), im übrigen eine großlöcherige Spongiosa.

Abb. 34 zeigt die Kopfepiphyse desselben Femurs nach Entfernung des Knorpelüberzuges. Man hat hier neben der Fovea capitis einen Einblick in die größeren und kleineren Röhrchen, die die Epiphyse zusammensetzen.

Es ist nicht leicht zu sagen, zu welcher Zeit im proximalen Femurende eine funktionelle Regulation der Spongiosaelemente einsetzt. Ich glaube, daß schon während der letzten Monate des embryonalen Lebens mechanische Spannungen wirksam sind, aber zunächst in kaum merklichem Grade (vgl. meine Arbeit von 1922). Deutlicher wird ihr Einfluß erst im zweiten Lebensjahre, zur Zeit der ersten Gehversuche des Kindes.

Über die Architektur des proximalen Femurendes bei Tieren, speziell bei Säugetieren sind mehrfach Beobachtungen angestellt worden (Eichbaum, R. Schmidt, Zschokke u. a.).

Wie Zschokke ausführt, besteht bei Mensch und Tier trotz der Verschiedenheit der Beanspruchung eine große Ähnlichkeit im Spongiosabau des

Femurs. Indessen sind doch auch vielfache Abweichungen festzustellen. So vermißt man auf Frontalschnitten durch das coxale Femurende oft die schönen gebogenen Züge, die vom menschlichen Oberschenkel her bekannt sind, so beim Rind, beim Hirsch (vgl. die Abbildungen von R. Schmidt), was vielleicht mit der Kürze des Schenkelhalses in Zusammenhang steht. Man sieht hier und auch in anderen Fällen hauptsächlich gerade aufstrebende Züge, die natürlich überall als Durchschnitte durch körperlich ausgedehnte Gebilde aufzufassen sind. Regelmäßig scheinen solche vertikale Züge dicht gedrängt von der Compacta der medialen Seite zur Gelenkfläche aufzusteigen.

Beim Höhlenbären erscheint die ganze Diaphyse des Femurs auf Schnitten von bogenförmigen gekreuzten Linien durchsetzt, die zweifellos der Ausdruck dafür sind, daß die Diaphyse von einem System kuppel- und kelchähnlicher Gebilde ganz erfüllt. ist. Hieraus auf das Vorhandensein eines spannungstrajektoriellen Baues, etwa einer Biegungsstruktur, zu schließen, ist nicht statthaft.

Überall liegen harmonisch eingefügte Strukturen vor, überall sind sie, wie wir annehmen müssen, funktionell reguliert worden.

3. Femur, distales Ende.

In der Spongiosa des distalen Femurendes (Abb. 35) findet sich zunächst wieder ein Satz übereinander geschichteter Kuppeln und Kelche, wobei natürlich die Basen der Kuppeln nach der proximalen Seite gerichtet sind. Die Kuppelwände entspringen nicht im ganzen Umfang des Femurs auf gleicher Höhe, vielmehr reichen die Plättchen an den Seiten, besonders an der medialen Seite, und hinten höher hinauf als vorn. Die Folge davon ist, daß die lateralen und hinteren Wände der Kuppeln steiler absteigen als die vorderen. Vorn liegen ein paar stärkere Konturplatten, von denen die vorderen Kuppelwände abgehen.

Das System läßt sich vorn bis etwa zur Höhe der Fossa intercondyloidea nach abwärts verfolgen, nur wenig darüber liegt die Spitze der untersten Kuppel. Aber bereits etwas höher oben beginnen die sich neu von der Compacta ablösenden Kuppelwände ihre Form zu verändern. Etwa von derjenigen Stelle des Diaphysenkolbens an, an der zuerst eine vordere von den seitlichen Wänden des Knochens scharf geschieden wird, werden die an verschiedenen Seiten entspringenden Plättchen voneinander getrennt. Man kann jetzt vordere, hintere und seitliche Blätter unterscheiden, die in einer sogleich zu schildernden Weise in die Condylen herabziehen (Abb. 36 u. 37).

Die vorderen Blätter folgen nach unten auf die untersten vorderen Kuppelwände. Sie ziehen im Bogen nach unten und hinten, parallel der Gelenkfläche, und erreichen die hintere Condylenwand. Hinter der Patellargelenkfläche sind sie, entsprechend der Form dieser Fläche, in der Mitte eingebogen.

Die seitlichen Blätter ziehen vertikal nach abwärts bis zur unteren Condylenwand, auf die sie senkrecht auftreffen. Sie erstrecken sich im Condylus von seiner vorderen zur hinteren Wand. Dabei laufen sie der seitlichen Wand des Condylus parallel, sind somit auf der lateralen Seite fast gerade, auf der medialen ziemlich stark gebogen (Konturplättchen).

Die hinteren Blätter schließen sich nach unten an die untersten der hinteren Kuppelwände an. An ihrem Ursprung oberhalb der Incisura intercondyloidea sind sie zu einem starken Compactakern zusammengedrängt. Von diesem ausgehend ziehen sie, radiantenähnlich divergierend, nach unten. Zugleich divergieren ihre beiden Hälften auch nach der Seite, damit sie in die nach hinten ausladenden Condylen gelangen. Albert vergleicht die beschriebenen Blätter mit den Blättern eines stehenden aufgeschlagenen Buches.

An der hinteren oberen Condylenwand entspringen im Anschluß noch weitere nach unten divergierende Blätter, die alle, ebenso wie die davorliegenden, auf die Gelenkfläche senkrecht auftreffen. In der Nähe der distalen Gelenkfläche ist die Spongiosa sehr dicht.

Die Schnittbilder müssen in folgender Weise gedeutet werden. Auf medianen Sagittalschnitten sieht man rechtwinklig sich kreuzende, gebogene Linien, die Durchschnitte der Kuppel- und Kelchwände. Seitliche Sagittalschnitte (Abb. 35) zeigen in dem oberen Abschnitt das gleiche oder fast gleiche Bild. In dem unteren Abschnitt, dem Condylenanteil, sieht man gekreuzte Linien, von denen die von der hinteren Wand kommenden größtenteils gerade sind und nach unten divergieren, die von vorn kommenden gebogen sind und der Gelenkfläche parallel verlaufen. Sie schließen sich an die Durchschnitte des Kuppelsystems an, stellen aber Durchschnitte anderer Gebilde, nämlich der hinteren und vorderen Condylenblätter dar. In Abb. 35 sind die zuletzt genannten Züge nicht deutlich, hier fällt vor allem die dichte Spongiosa über der Gelenkfläche in die Augen.

Auf frontalen Schnitten (Abb. 36) überwiegen die longitudinalen Züge. Diese sind besonders gut in den Condylen ausgeprägt, wo sie den lateralen Blättern entsprechen. Sie werden von der querlaufenden Epiphysennaht gekreuzt und weiterhin von horizontalen Zügen, mit denen sie in der Nähe der Gelenkfläche eine sehr engmaschige Spongiosa bilden. Die horizontalen Linien sind Schnitte durch die vorderen Blätter, die hier bereits nach hinten umgebogen sind. Etwa in der Mitte des Epiphysenteiles sieht man übrigens viele spitzwinkelige Plättchenkreuzungen.

Horizontale Schnitte (Abb. 37) durch den Condylenteil endlich zeigen die lateralen Blätter in Form von Linien, die vom vorderen Teil der Gelenkfläche zur hinteren Condylenwand ziehen und auf der lateralen Seite fast gerade, auf der medialen seitlich ausgebogen sind. Sie werden von drei Gruppen horizontaler Linien gekreuzt. Die eine dieser Gruppen liegt hinter dem vorderen Teil der Gelenkfläche, die zweite jederseits vor der hinteren Condylenwand (dem letzten Abschnitt der tibialen Gelenkfläche). Hier wie dort ist die Spongiosa sehr dicht. Die erste Gruppe entspricht vorderen Condylenblättern, und zwar ihrem Anfangsstück, die zweite hinteren Condylenblättern. Die dritte Gruppe wird von Linien gebildet, die von dem an der Incisura intercondyloidea liegenden Compactakern ausgehen und in die Condylen ausstrahlen. Diese stellen Durchschnitte durch den Radianten der hinteren Condylenblätter dar.

An beanspruchenden Kräften kommen bei dem distalen Femurende wiederum Muskelkräfte und die Körperlast in Frage. Die Muskeln, die beim Stehen die Tibia gegen das Femur pressen, sind die auf das Kniegelenk wirkenden Beuge- und Streckmuskeln sowie die beiden Gastrocnemiusköpfe. Die von ihnen ausgeübten Zugkräfte setzen sich zu einer Resultierenden zusammen, die in die Längsrichtung der Extremität fällt oder ihr fast genau parallel ist. In dieser Richtung wirkt sie auch an der Druckübertragungsstelle, d. h. an den am meisten vorspringenden Punkten der Condylen. Ebenso gerichtet ist die Körperlast. Auch die Linien, in denen sich die seitlichen und die hinteren Condylenblätter schneiden, fallen in dieselbe Richtung.

Bei Beugung des Knies fällt die Wirkung der Körperlast weg, und der Muskelzug ändert seine Richtung. Ist das Knie rechtwinkelig gebeugt, so sind

Strecker und die Gastrocnemiusköpfe in der Weise wirksam, daß der resultierende Zug die Richtung der Unterschenkelachse erhält. Hier wird die Kraft von den seitlichen und den umgebogenen vorderen Blättern in den Condylen aufgenommen.

Hiernach kann kein Zweifel darüber bestehen, daß die Spongiosaelemente **funktionell reguliert** sind. Zuvor hat sich die Spongiosa **harmonisch** in die komplizierte Knochenform **eingefügt**, das zeigt sich an allen Schnitten; in ihnen findet sich kein Eckchen, das nicht in einer das Auge befriedigenden Weise mit schwammiger Knochensubstanz angefüllt wäre.

Abb. 38—40 erläutern die Entwicklung des distalen Femurendes. Im Diaphysenkolben findet man beim Neugeborenen (und bei kleinen Kindern) und auch schon beim Embryo von 7 Monaten, ebenso wie im proximalen Ende, in der Längsrichtung verlaufende, mannigfach verbundene Plättchen, die längsziehende Hohlräume sehr unvollkommen voneinander scheiden. Abb. 38 zeigt sie bei einem 7 Monate alten Embryo im Querschnitt, Abb. 39 bei einem Neugeborenen, Abb. 40 bei einem ca. 1 Monat alten Kinde im Frontalschnitt. Der Knochenkern der distalen Epiphyse hat beim Neugeborenen noch eine annähernd radiäre Struktur (Abb. 39). Schon einige Wochen später haben die hervorstechendsten Strukturelemente eine proximodistale Richtung angenommen wie in der Diaphyse (Abb. 40). Wenn auch schon in der spätembryonalen Zeit und im frühesten Kindesalter sich mechanische Spannungen bis in den Knochenkern erstrecken werden, so ist ihnen doch sicher jetzt noch keine richtende Wirkung auf die Spongiosaelemente zuzuschreiben. Ich bin geneigt, für deren Lagerung den Säftestrom im jugendlichen Knorpel verantwortlich zu machen. (Vgl. meine Arbeit von 1922.)

4. Patella.

Die Spongiosa der Patella (Abb. 41 und 42) besteht aus frontal gestellten, d. h. der Vorderfläche parallelen Blättern und ferner horizontal liegenden und vertikal-sagittal gestellten Gittern und Blättern. (Ähnlich beschreibt sie **Joachimsthal**.) Die frontalen Blätter sind in der Nähe der vorderen Fläche dichtgedrängt, die vertikal-sagittalen Gitter verlaufen am lateralen Rande diesem parallel, die horizontalen Blätter neigen sich in der Nähe der Spitze vorn nach unten, so daß sie dem unteren Abschnitte der Gelenkfläche parallel werden. Aus dieser Beschreibung erklären sich leicht die Schnittbilder (Abb. 41 und 42), der Vertikalschnitt mit seinen Linienzügen und der Frontalschnitt mit dem Einblick in sagittal gestellte Röhrchen und wesentlich vertikale Linien.

Die Architektur der Patella ist harmonisch eingefügt und durch den Zug des Musc. quadriceps femoris funktionell reguliert worden.

Die **Entwicklung** der Kniescheibe geht auf enchondralem Wege vor sich, wie **Bidder** beim Kaninchen festgestellt hat. Von vorn her dringen Blutgefäße, und Zellen führende Kanäle in den Knorpel ein. Ausläufer der primären Markräume schieben sich zwischen den Faserbündeln der Quadricepssehne vor, und mitgeführte Osteoblasten veranlassen hier eine intratendinöse Ossifikation.

5. Tibia.

Im **proximalen Tibiaende** (Abb. 43—45) bildet die Grundlage der Spongiosa wieder ein Kuppel- und Kelchsystem. An den Kuppeln sind die seitlichen Wände weniger gut ausgebildet als die vorderen und hinteren. Die vorderen Wände entspringen von einer Schicht mehrerer Konturplättchen, die sich unterhalb der Tuberositas tibiae von der Compacta abheben.

Die hinteren Wände sind an den untersten Kuppeln stark nach vorn geneigt, allmählich richten sie sich in die Höhe und stehen schließlich vertikal. Infolgedessen zieht die Linie, in der die Kuppelspitzen liegen, bogenförmig von vorn unten nach hinten oben. Die vorderen Kuppelwände sind stärker gebogen, und in der Epiphyse liegende hintere Kelchwände ziehen horizontal nach hinten. Die obersten Kelche umfassen die Eminentia intercondyloidea und stehen auf deren abfallenden Seiten senkrecht auf.

Zur Füllung des stark verdickten oberen Knochenendes schließen sich an die übereinander geschichteten Kuppeln noch in größerer Anzahl Hohlzylinder an, die auf der proximalen Endfläche senkrecht aufstehen. Sie werden von radiär gestellten Plättchen gekreuzt, die von einem unter der Fossa intercondyloidea post. liegenden Compactakern abgehen. Dicht unter der oberen Gelenkfläche finden sich mehrere Lagen sehr kleiner, rechteckiger Hohlräume.

Gegen den großen Markraum der Diaphyse finde ich die Spongiosa bisweilen durch ein horizontales Plättchen abgegrenzt.

Auf Sagittalschnitten (Abb. 44) sieht man rechtwinkelig gekreuzte Züge, Durchschnitte der Kuppeln und Kelche. An ihnen fällt die gerade vertikale Richtung der hinteren oberen Linien auf und der horizontale Verlauf der oberen Endstücke von vorderen Linien. Außerdem sieht man nahe dem hinteren Rande längslaufende Züge, die Durchschnitte der Hohlzylinder, und ferner hinter der vorderen Kompakta die durchgeschnittenen vorderen Konturplättchen.

Auf Frontalschnitten (Abb. 43) fallen wiederum die durchgeschnittenen Hohlzylinder in die Augen und dazwischen Teile von Kuppeln und Kelchen. Ferner sieht man horizontale Linien, die den nach hinten sich erstreckenden Wänden oberer Kelche entsprechen, und unter der Endfläche kleine rechteckige Maschen.

An Horizontalschnitten durch die Epiphyse (Abb. 45) sieht man konzentrische und kurze radiäre Linien, als Durchschnitte der Hohlzylinder und der radiären Plättchen. In der Mitte ist hier der Bau weniger durchsichtig.

Die Beanspruchung des proximalen Tibiaendes geschieht auf dieselbe Weise und wird durch dieselben Kräfte bewirkt wie diejenige des distalen Femurendes (S. 23), jedoch bleiben die Angriffspunkte der Kraft und ihre Richtung bei jeder Winkelstellung des Kniegelenks gleich. Dazu kommen Biegungsbeanspruchungen wechselnder Stärke, hauptsächlich in einer sagittal-vertikalen Ebene (vgl. meine Arbeit von 1922). In der Spongiosa des proximalen Tibiaendes sind spannungstrajektorielle Bestandteile kaum zu bestimmen. Man könnte vielleicht daran denken, daß Hohlzylinder, die auf den Gelenkflächen senkrecht aufstehen, und die in der Mitte liegenden Kelche die einwirkende Kraft aufnehmen, aber im übrigen führen die Versuche, den Spongiosabau im proximalen Tibiaende mechanisch zu erklären, nicht zu befriedigenden Ergebnissen. Kausale Beziehungen zu den möglichen Biegungsbeanspruchungen bestehen nicht.

Im distalen Ende der Tibia (Abb. 46) heben sich von der Knochenwand einige aus durchbrochenen Plättchen bestehende kuppelförmige Bildungen ab. Sie sind oft schwach entwickelt, wie auch in dem abgebildeten Präparat. Daran schließt sich distal eine Anzahl ineinander gesteckter Röhren (Hohlzylinder) an. Diese Röhren sind unten, wo sie auf der Gelenkfläche aufstehen, etwas enger als oben. Sie werden von ca. 4 horizontalen Plättchen gekreuzt, so daß ein

Etagenbau entsteht. Die Zylinder sind untereinander durch andere längsverlaufende Elemente verbunden, und man erhält daher auf Querschnitten den Einblick in Röhrchen (Abb. 47). Zu erwähnen sind noch kleine Plättchen im Malleolus medialis, die von der Gelenkfläche abgehen, und isolierte Querwände an der oberen Grenze der Spongiosa. Auf Längsschnitten durch das distale Tibiaende (Abb. 46) fallen vor allem longitudinale, etwas nach unten konvergierende Züge auf, die den röhrenförmigen Gebilden entsprechen.

Die Beanspruchung des distalen Tibiaendes erfolgt in Form eines Druckes, der von seiten des Talus ausgeübt wird, sei es, daß es sich um die Wirkung der vom Unterschenkel zum Fuß ziehenden Muskeln handelt, sei es, daß der von der Körperlast wachgerufene Gegendruck in Frage kommt.

Die Architektur ist harmonisch eingefügt und funktionell reguliert.

6. Fibula.

Das Köpfchen der Fibula (Abb. 48) ist von vertikal stehenden Gittern erfüllt, die unter verschiedenen Winkeln sowohl sich kreuzen wie von der Knochenwand abgehen, und die von Quergittern durchsetzt werden; die meisten von diesen steigen etwas nach hinten lateral an. Die Gitterstäbe schließen selten rechte, meist spitze Winkel sehr verschiedener Größe ein.

Das distale Ende der Fibula (Abb. 49) enthält absteigende Gitter, die von der lateralen, zum kleinen Teil auch von der medialen Wand ausgehen und nach unten konvergieren; einige von ihnen bleiben der Wand des lateralen Malleolus parallel. Die absteigenden werden von Quergittern gekreuzt, die medial etwas ansteigen und weite Abstände zwischen sich freilassen.

7. Ossa tarsi.

Im Talus finden sich (nach Albert) Blätter, die im wesentlichen sagittal, horizontal und frontal verlaufen. Diese stark durchlöcherten Plättchen sind aber nicht in allen Teilen des Knochens gleich entwickelt und weichen auch entsprechend der komplizierten Form des Talus von der typischen Lage ab. Im Körper stehen sagittale und frontale Plättchen senkrecht auf der hinteren calcanearen Gelenkfläche (Abb. 50). Einige horizontale Plättchen gewinnen unter der tibialen Gelenkfläche, von ihr durch einige Rundmaschen getrennt, einen der Fläche parallelen Verlauf, sie schieben sich in den Proc. post. hinein. Im Halse sind die sagittalen und horizontalen Elemente sehr stark entwickelt, im Sagittalschnitt, Abb. 50, erscheinen sie als starke längslaufende Züge. Auf der mittleren calcanearen Gelenkfläche stehen wieder frontale Plättchen senkrecht auf. Im Kopfe divergieren sagittale und horizontale Plättchen, damit sie die Gelenkfläche unter rechtem Winkel treffen.

Der Talus überträgt die Körperlast einerseits auf den Calcaneus, den Fersenhöcker, das Cuboid und die letzten beiden Zehen, andererseits auf das Naviculare, die Cuneiformia und die ersten drei Zehen. Die Übertragung im Talus wird einmal durch die Knochenrinde besorgt, ferner auch durch die harmonisch eingefügten Spongiosaelemente. Den Verlauf der Kraftwege in der Talusspongiosa hat Rasumowsky schematisch gezeichnet, sie sind offenbar geknüpft bei der Übertragung auf den Calcaneus an sagittale und frontale Plättchen, bei der Übertragung auf das Naviculare an sagittale und horizontale Plättchen. Eine funktionelle Regulation dieser Elemente hat zweifellos stattgefunden.

Die Ossifikation des Talus erfolgt teils auf enchondralem, teils auf perichondralem Wege (Bidder). Im Grunde des Sulcus tali bildet sich eine perichondrale Ossifikationslamelle. Der enchondrale Knochenkern entsteht in großer Nähe davon innerhalb des Knorpels.

Im Calcaneus kann man horizontale Blätter, d. h. solche, bei denen eine Hauptrichtung annähernd horizontal ist, und sagittale (sagittal-vertikale) Blätter unterscheiden. Diejenigen der erstgenannten Art können wieder in mehrere Gruppen geteilt werden (Abb. 51). Da gibt es zunächst solche Blätter, die von der hinteren talaren Gelenkfläche und dem an ihrem vorderen Ende unter dem Sulcus calcanei liegenden Compactakern ausgehen und nach hinten in den Fersenhöcker ziehen. Die obersten dieser Blätter sind der hinteren oberen Fläche des Calcaneuskörpers parallel, die darunter folgenden sind nach oben leicht konvex gebogen und treten etwas aus der horizontalen Lagerung heraus. Ihre medialen Enden liegen nämlich etwas höher als ihre lateralen, von der verdickten Compacta, die sich unterhalb des Sustentaculum findet, wenden sie sich lateral abwärts.

Die horizontalen Blätter der zweiten Gruppe entspringen gleichfalls an dem Compactakern unter dem Sulcus calcanei und ziehen divergierend nach vorn in den Processus anterior. Zwischen der ersten und zweiten Blättergruppe liegt eine keilförmige Lücke, die nur von wenig sehr feiner Spongiosa erfüllt ist.

Die dritte Gruppe besteht aus Blättern, die in weitem nach oben konkaven Bogen von der oberen Seite des Processus anterior bis zur oberen Seite des hinteren Körperabschnittes ziehen. Sie sind unterhalb der erwähnten Lücke dicht gedrängt und erhalten von der unteren Seite des Fersenhöckers bedeutenden Zuwachs.

Die sagittalen Blätter sind am besten im lateralen Teile des Knochens ausgebildet. Im Sustentaculum ist ihr oberes Ende ein wenig medial geneigt (Abb. 53). Da hier die horizontalen Blätter medial nach unten geneigt sind, ergeben sich Plättchenkreuzungen, die an Dächer und Dachrinnen erinnern. Recht stark entwickelte Abschnitte sagittaler Blätter sieht man im Proc. ant. Abb. 51).

Der Einblick in die Struktur, den man durch Entrinden des Kalkaneus an seiner hinteren Fläche erhält (Abb. 52), läßt erkennen, wie die sagittalen, und (weniger deutlich) wie die horizontalen Blätter auf der Knochenwand aufstehen. Man sieht hier, daß die Plättchen durchaus nicht regelmäßig begrenzt sind und daß auch ihre Verbindungen nicht die Einfachheit besitzen, die man nach einer flüchtigen Betrachtung von Schnittbildern erwarten könnte.

Von Schnitten durch den Calcaneus sind die sagittalen am besten bekannt[1]). Man sieht auf ihnen (Abb. 51) gerade und leicht gebogene Linien, die von der Gegend der hinteren talaren Gelenkfläche nach hinten ziehen, solche, die etwas weiter vorn entspringen und divergierend nach vorn verlaufen, und endlich solche, die unter jenen einen nach oben konkaven Bogen bilden. Das sind die Durchschnitte der drei Gruppen von horizontalen Blättern.

Auf Frontalschnitten, bzw. Querschnitten durch den Körper, findet man schräg von innen oben nach außen unten ziehende und — nahe der unteren Fläche — horizontale Linien, Schnitte durch die erste und dritte der horizontalen

---

[1]) Solche Sagittalschnitte werden oft in falscher Stellung abgebildet. Die Unterfläche des Processus anterior wird dabei in gleiche Höhe mit der Unterfläche des Fersenhöckers gebracht, während sie in Wirklichkeit höher liegt.

Blättergruppen, und ferner, besonders im lateralen Teil, senkrechte Linien, die den sagittalen Blättern entsprechen.

Frontalschnitte durch das Sustentaculum (Abb. 53) zeigen gekreuzte Linien, Schnitte durch die beschriebenen dach- und dachrinnenähnlichen Bildungen.

Die Beanspruchung des Calcaneus erfolgt auf zwei Wegen. Einmal wird gegen ihn der Talus angedrückt, vorwiegend durch die Körperschwere, aber auch durch den ebenso wirkenden vereinigten Zug der Beugemuskeln und Streckmuskeln des Fußes. Ferner übt der Musc. triceps surae an seiner Ansatzstelle oberhalb des Fersenhöckers in kranialer Richtung einen Zug aus.

Zunächst sei der erste Faktor näher analysiert. Der von der Körperschwere herrührende Druck wirkt in dem hinteren Gelenk zwischen Talus und Calcaneus nicht etwa senkrecht auf die Gelenkflächen, sondern schneidet diese, bzw. eine sie in ihrer Mitte tangierende Ebene unter einem spitzen Winkel. Wenn nun die von der hinteren talaren Gelenkfläche ausgehenden Knochenblätter (die vorhin in die erste Gruppe der horizontalen gestellt wurden) spannungstrajektoriell angeordnet wären, so würden sie sich anfänglich nach unten wenden müssen. Statt dessen richten sie sich bei ihrem Ursprung sofort nach hinten. Analoges gilt von den im Processus anterior liegenden horizontalen Blättern, in denen sich der Druck von dem unter dem Sulcus calcanei liegenden Compactakern nach vorn fortpflanzt. Wenn nun die Blätter der beiden Gruppen keine verkörperten Spannungstrajektorien sind, so liegen doch in ihnen zusammen mit kreuzenden sagittalen Blättern die Wege, auf denen die Körperlast übertragen wird. Die Blätter der dritten Gruppe könnten mit ihrem Anfangsstück den von der vorderen talaren Gelenkfläche ausgehenden Druck aufnehmen. Die harmonisch eingefügten Spongiosaelemente sind funktionell reguliert.

Nicht dagegen ist es statthaft, die zuletzt genannten Blätter mit einem Zugbande zu vergleichen, das die beiden Seitenteile einer Stehleiter verbindet, denen die auseinanderweichenden, den Druck fortleitenden Spongiosaelemente entsprechen. In geradem Gegensatz zu dieser weitverbreiteten Vorstellung nahm J. Wolff an, daß die unteren horizontalen Blätter (3. Gruppe) beim Aufsetzen des Fußes den vom Boden ausgeübten Druck aufnehmen.

In einen Längsschnitt durch den massiv gedachten hinteren Teil des Calcaneus kann man die Spannungstrajektorien einzeichnen, die sich bei Beanspruchung durch den Zug des Musc. triceps surae ergeben. Dabei wird der Knochen wie ein vorn eingespannter Balken behandelt. Ich habe die Konstruktion 1908 vorgenommen, wobei sich eine große Ähnlichkeit zwischen dem Trajektorienverlauf und der Anordnung der Spongiosaelemente ergab. Das erklärt sich daraus, daß beide von der äußeren Knochenform abhängig sind (vgl. meine Arbeit von 1922). Ich verzichte auch hier, wie beim frontalen Femurschnitt (S. 20), auf eine Wiedergabe meiner Zeichnung.

Die Ossifikation des Calcaneus beginnt, wie beim Talus perichondral, im Grunde des Sulcus calcanei, in der Nähe tritt enchondral ein Knochenkern auf, später, im Kindesalter, ein akzessorischer Kern im Tuber calcanei. Auch intratendinöse Verknöcherung (S. 27) soll vorkommen, an der Ansatzstelle der Achillessehne und der Ursprungsstelle des Musc. extensor digit. brevis (Bidder).

Im Naviculare pedis (Abb. 50) kreuzen sich horizontale (der oberen Fläche parallele), vertikal-sagittale und gekrümmte, der proximalen Gelenkfläche parallele Plättchen. Sie sind harmonisch eingefügt, die beiden ersten enthalten die Kraftwege für die Körperlast.

In den **Cuneiformia** und dem **Cuboid** (Abb. 50, 54, 55) zeichnet sich die Spongiosa fast überall durch überraschende Regelmäßigkeit und Schönheit aus. In allen Knochen finden wir horizontale, vertikal-sagittale und — am schwächsten entwickelt — frontale Plättchen, die freilich noch manche Besonderheiten und, in Abhängigkeit von der äußeren Knochenform, Abweichungen von der typischen Lage zeigen. Die horizontalen Plättchen sind der oberen Knochenfläche parallel und sie liefern daher, wenn man sie im Zusammenhang auf einem Querschnitt durch den ganzen Tarsus (Abb. 55) betrachtet, gebogene, von einer Seite zur anderen verlaufende Züge.

Auffallend ist am 1. und 2. Cuneiforme, daß dort, wo beide Knochen in einer Gelenkfläche zusammenstoßen, jederseits etwa zehn dünne, dicht gelagerte, kurze Plättchen auf jener Fläche senkrecht aufstehen. Weiter plantarwärts weichen im 1. Cuneiforme die leicht gebogenen horizontalen Plättchen ziemlich weit auseinander, in dem verdickten plantaren Ende des Knochens tritt ihre rechtwinkelige Kreuzung mit den sagittalen Plättchen teilweise sehr schön hervor. Im 2. Cuneiforme wird die Spongiosa an der schmalsten Stelle des Keils, im 3. etwas darüber durch Ausfallen einiger Plättchen lockerer.

Im **Cuboid** (Abb. ·54 und 55) zeigt nur die obere Hälfte den typischen Bau. Hier sind die Maschen unter der dorsalen Knochenrinde ziemlich weit, man erhält auf dem Querschnitte (Abb. 55) den Eindruck eines Regals mit hohen Fächern. In der Nähe der plantaren Fläche neigen sich horizontale Blätter, die von der calcanearen Gelenkfläche herkommen, plantarwärts, sie ziehen in die Tuberositas (Abb. 54). Von dort laufen einige wenige Plättchen über den Sulcus musc. peronaei longi hinweg. Darüber liegt ein auf dem Sagittalschnitt dreieckiges Feld, das mit dünnen, ungeordneten, sich spitzwinkelig kreuzenden Bälkchen erfüllt ist.

Das **Fußskelett** ist ein **Gewölbe**, nicht nur, wie gewöhnlich hervorgehoben wird, in der Längsrichtung, sondern auch in der vorderen Fußwurzelgegend in der Querrichtung, die kleinen Fußwurzel- und die Mittelfußknochen sind wie die Steine eines Gewölbes aneinander gefügt. Bei der **Beanspruchung** werden Cuneiformia und Cuboid zusammengepreßt, und der Druck pflanzt sich in der Knochenrinde und in den Spongiosaelementen fort. Diese müssen eine funktionelle Verstärkung erfahren.

Beim Gebrauch des Fußes kommt außer der Einwirkung der Belastung noch der lokal angreifende Zug von Bändern in Frage, wie am Calcaneus, Cuboid, Naviculare beim Ansatz des Ligamentum calcaneonaviculare und des Ligamentum calcaneocuboideum (**Rasumowsky**).

8. Ossa metatarsi und Phalanges pedis.

Der Bau der **Metatarsalknochen** gleicht dem der Metacarpalien in hohem Maße, nur weisen die Spongiosaelemente im allgemeinen größere Dicke auf.

Die Basis des **1. Metatarsalknochens** (Abb. 50) zeigt, auf einer niedrigen Lage dichter Spongiosa aufruhend, ein System ineinander gesteckter Hohlzylinder, deren Wände proximalwärts ein wenig konvergieren, und die von horizontalen Plättchen gekreuzt werden (Etagenbau). An den **Basen** des 2. bis 5. Metatarsalknochens kann man zunächst einen proximalen Abschnitt unterscheiden (Abb. 56 und 57); er erinnert in seiner Form, die dorsal eckig und (am 2. bis 4. Knochen) plantar keilförmig zugeschärft ist, an die vorderen Tarsalknochen und zeigt dementsprechend einen aus drei zueinander senkrecht stehenden Plättchenscharen bestehenden Bau. Im 3. bis 5. Knochen sind die sagittalen Plättchen in der Weise leicht gebogen, daß sie den sagittalen Gelenkflächen ihre Konkavität zukehren. In den plantaren, keilförmig zugeschärften Teilen ist die Spongiosa lockerer und zeigt viele spitzwinkelige Kreuzungen. Kirchner, der die Architektur der Metatarsalknochen sorgfältig beschrieben hat, findet eine Ähnlichkeit zwischen dem Bau der Tuberositas ossis metatars. V und demjenigen des Calcaneus. Man kann wohl obere und untere gebogene horizontale Plättchen, die in der Tuberositas sich kreuzen, mit entsprechenden Bildungen im Calcaneus vergleichen; das liegt aber nicht, wie Kirchner meint, an der Ähnlichkeit der Beanspruchung, sondern an der (entfernten) Ähnlichkeit der äußeren Form. Die proximalen Teile der Basen gehören zu dem Gewölbe des Mittelfußes und werden wie die vorderen Fußwurzelknochen (s. diese) beansprucht; ihre Spongiosa ist also funktionell reguliert. Auf die beschriebenen Teile der Basen setzen sich ineinander gestellte Hohlzylinder mit Querwänden auf (Etagenbau).

In den Mittelstücken der Metatarsalknochen sieht man unregelmäßige Vorsprünge, sowie (beim 1. Knochen) ein paar dünne, frei durch die Markhöhle ziehende Bälkchen.

Im distalen Ende der Metatarsalknochen liegen Kuppel- und Kelchsysteme, die Kelche treten oft in den Köpfchenepiphysen nicht besonders deutlich in die Erscheinung. Bisweilen ist die erste Kuppel im Gegensatz zu dem, was man sonst bei Kuppeln findet, massiv gebaut. Das ist beim 1. Metatarsalknochen regelmäßig der Fall (Abb. 50), hier ist die massive Kuppelwand auch bedeutend verdickt, wohl infolge der starken Beanspruchung, die der Knochen beim Gehen erfährt; bei jedem Schritt wird die Körperlast auf sein Köpfchen übertragen.

Die Zehenphalangen zeigen dieselbe Architektur wie die Fingerphalangen. Bei den Phalangen der großen Zehe erscheinen die Bauelemente gröber als bei denjenigen des Daumens.

Literaturverzeichnis

(enthält Arbeiten über allgemeine und spezielle Fragen.)

Albert, E., Einführung in das Studium der Architektur der Röhrenknochen. Wien 1900. — Albert, E., Die Architektur des menschlichen Oberarmes. Auszug aus dem gleichnamigen Artikel der Časopis ceských lékářů. 1900. Nr. 1. — Albert, E., Die Architektur des Schenkelknochens des erwachsenen Menschen. Abhandl. d. Kaiser Franz Josephs-Akademie in Prag. 12. Jänner 1900. Deutsches Resumé im Bulletin international derselben Akademie. — Albert, E., Die Architektur der Tibia. Wien. med. Wochenschr. 1900. Nr. 4—6. — Albert, E., Die Architektur des menschlichen Talus. Wien. klin. Rundschau. 1900. Nr. 10. — Albert, E., Die Architektur des menschlichen Fersenbeins. Wien. med. Presse. 1900. Nr. 1. — Bernays, A., Die Entwicklungsgeschichte des Kniegelenkes des Menschen, mit Bemerkungen über die Gelenke im allgemeinen. Morphol. Jahrb. 4. 403. 1878. — Bernhardt, H., Über die Vererbung der inneren Knochenarchitektur beim Menschen und die Teleologie bei Julius Wolff. Diss. München 1907. — Bidder, A., Osteobiologie. Arch. f. mikroskop. Anat. 68, 137. 1906. — Billroth, Th., und Winiwarter, A. v., Die allgemeine chirurgische Pathologie und Therapie. 14. Aufl. Berlin 1889. — Culmann, C., Die graphische Statik. 2. Aufl. 1. Zürich 1875. — Dixon, A. F., The Architecture of the Cancellous Tissue forming the upper End of the Femur. Journ. of Anat. and Phys. 44. 223. 1910. — Ebner, V. v., A. Koellikers Handbuch der Gewebelehre des Menschen. 6. Aufl. 3. Leipzig 1902. — Engel, J., Über die Gesetze der Knochenentwicklung. Wien. Sitzungsber. 1851. — Eichbaum, F., Beiträge zur Statik und Mechanik des Pferdeskeletts. Berlin 1890. — Friedländer, F. v., Beitrag zur Kenntnis der Architektur spongiöser Knochen. Anat. Hefte 23, 234. 1904. — Gebhardt, W., Über funktionell wichtige Anordnungsweisen der gröberen und feineren Bauelemente des Wirbeltierknochens Arch. f. Entwicklungsmech. d. Org. **11**, 383. 1901; **12**, 1. 1901; **20**, 187. 1905. — Gebhardt, W., Über qualitative und quantitative Verschiedenheiten in der Reaktion des Knochengewebes auf mechanische Einwirkungen. Anat. Anz. **21** (Ergänzungsh.), 65. 1902. — Gebhardt, W., Auf welche Art der Beanspruchung reagiert der Knochen jeweils mit der Ausbildung einer entsprechenden Architektur? Arch. f. Entwicklungsmech. d. Organismen **16**, 377. 1903. — Gümbel, Th., Beitrag zur Histologie des Callus. Arch. f. pathol. Anat. u. Physiol. u. f. klin. Med. **183**, 470. 1906. — His, W., Die Häute und Höhlen des Körpers. Akademisches Programm. Basel 1865. Abgedruckt Arch. f. Anat. u. Physiol., Anat. Abt. 1903. S. 368. — Joachimsthal, Über Struktur, Lage und Anomalien der menschlichen Kniescheibe. Arch. f. Anat. u. Physiol., Physiol. Abt. 1902. S. 351; auch Arch. f. klin. Chir., **67**, 342. 1902. — Kaufmann, H., Lehrbuch der speziellen pathol. Anat. 5. Aufl. Berlin 1909. — Kirchner, A., Die Epiphyse am proximalen Ende des Os metatarsale 5 nebst Bemerkungen zur Calcaneusfrage. Anat. Hefte **33**, 513, 1907. — Kirchner, A., Die Architektur der Metatarsalien des Menschen. Arch. f. Entwicklungsmech. **24**, 539. 1907. — Koelliker, A., Handbuch der Gewebelehre des Menschen. 6. Aufl. Bd. I. Leipzig 1889. — Krause, W., Skelett der oberen und unteren Extremität. Handb. d. Anat. d. Menschen, herausg. von K. v. Bardeleben. Bd. I, Abt. 3. 1909. — Langer, C., Über das Gefäßsystem der Röhrenknochen, mit Beiträgen zur Kenntnis des Baues und der Entwicklung der Knochen. Anzeiger der Wiener Akademie 1875, S. 150. — Langer, C., Über das Gefäßsystem der Röhrenknochen, mit Beiträgen zur Kenntuis des Baues und der Entwicklung des Knochengewebes. Denkschriften d. Wien. Akademie **36**. 1876. — Lesshaft, P, Grundlagen der theoretischen Anatomie. I. T. Leipzig 1892. — Loeb, J., Über den chemischen Charakter des Befruchtungsvorganges und seine Bedeutung für die Theorie der Lebenserscheinungen. Vortr. u. Aufsätze über Entwicklungsmech. d. Organismen. H. 2. Leipzig 1908. — Loeb, J., Die chemische Entwicklungserregung des tierischen Eies. (Künstliche Parthenogenese.) Berlin 1909. — Magnus, G., Umbau von Knochenformen und Spongiosaarchitektur im Sinne der funktionellen Anpassung bei Gelenkkontrakturen. Zeitschr. f. angew. Anat. u. Konstitutionsl. 2 (Festschr. f. Emil Gasser), S. 423. 1917. — Meltzer, S. J., The Factors of Safety in Animal Structure and Animal Economy. Journ. of the Americ. med. assoc. **48**, 655. 1907. — Merkel, F., Betrachtungen über das Os femoris. Virch. Arch. **59**. 237. 1874. — Meyer, H. v., Die Architektur der Spongiosa. Arch. f. Anat., Physiol. u. wissensch. Med. 1867. S. 615. — Meyer, H. v., Zur genaueren Kenntnis der Substantia spongiosa der Knochen. Stuttgart 1882. — Murisier, J., Über die Formveränderungen, welche der lebende Knochen unter dem Einfluß mechanischer Kräfte erleidet. Arch. f. exp. Pathol. u. Pharmakol. **3**, 325. 1875. — Oppenheim, A., Die Veränderungen der Gewebe insbesondere des Knochens bei Verschiebung der Zähne. Österr.-ungar. Vierteljahrsschr. f. Zahnheilk. 1911. H. IV. — Pommer, G., Untersuchungen über Osteomalacie und Rachitis. Leipzig 1885. — Rasumowsky, W., Beitrag zur Architektonik des Fußskelettes. Internat. Monatsschr. f. Anat. u. Physiol. **6**, 197. 1889. — Recklinghausen, v., Normale und pathologische Architekturen der Knochen. Dtsch. med. Wochenschr. **19**, 506. 1893. — Reinke, F., Die qualitative und quantitative Wirkung der Ätherlymphe auf das Wachstum des Gehirns der Salamanderlarve. Arch. f. Entwicklungsmech. d. Organismen **24**, 239. 1907. — Romeis, B., Die Architektur des Knorpels vor der Osteogenese und in der ersten Zeit derselben. Arch. f. Entwicklungsmech. d. Organismen **31**, 387. 1911. — Rosenthal, O., Über die Veränderungen des Knorpels vor der Verknöcherung. Diss. Berlin 1875. — Roux, W., Beiträge zur Morphologie der funktionellen Anpassung. III. Beschreibung und Erläuterung einer knöchernen Kniegelenksankylose. Arch. f. Anat. u. Physiol., Anat. Abt. 1885, S. 120; auch Ges. Abh. Bd. I, S. 662. 1895. — Roux, W., Das Gesetz der Transformation der Knochen. Berl. klin. Wochenschr. 1893, Nr. 21 f.; auch Ges. Abh. Bd. I. S. 723. 1895. — Roux, W., Funktionelle Anpassung in Realenzyklopädie der gesamten Heilkunde. Bd. 4, 2. Aufl., 1894; auch Ges. Abh. Bd. 1, S. 757. 1895. — Roux, W., Anpassungslehre, Histomechanik und Histochemie. Arch. f. pathol. Anat. u. Physiol. u. f. klin. Med. **209**, 168. 1912. — Schaffer, J., Trajektorielle Strukturen im Knorpel. Anat. Anz. **38** (Ergh.), 162. 1911. — Schaffer, J., Ossifikationsfragen (Transplantation und Unterkieferverknöcherung. Wien. klin. Wochenschr. **29**, Nr. 22. 1916. — Schmidt, R., Vergleichend anatomische Studien über den mechanischen Bau der Knochen und seine Vererbung. Tübinger zool. Arb. **3**, 479. 1898; auch Zeitschr. f. wiss. Zool. **65**, 65. 1898. — Schröder, H., Einleitende Untersuchungen zum Kapitel: Die Prognathie des oberen Gesichtes. Korrespondenzbl. f. Zahnärzte. **31**, 1902. — Schwalbe, G., Über die Ernährungskanäle der Knochen und das Knochenwachstum. Zeitschr. f. Anat. u. Entwicklungsgesch. **1**, 307. 1876.

Solger, B., Über die Architektur der Stützsubstanzen. Leipzig 1892. — Solger, B., Über geknickte Knochenlamellen. Anat. Anz. 9, 28. 1894. — Solger, B., Zur Kenntnis der Röhrenknochen. Zool. Anz. 17, 437. 1894. — Solger, B., Zur Kenntnis der postembryonalen Entwicklung des Skeletts der Säugetiere. Abhandl. d. naturf. Ges. Halle 20. 1894. — Solger, B., Der gegenwärtige Stand der Lehre von der Knochenarchitektur. Untersuchungen zur Naturlehre des Menschen und der Tiere. Bd. 16, S. 187. 1899. — Solger, B., Zur Kenntnis des Schenkelsporns und des Wardschen Dreiecks. Anat. Hefte 15, 213. 1900. — Thierse, J., Einfluß der Immobilisation einer Extremität auf deren Knochenwachstum. Diss. Breslau 1921. — Toldt, C., Über einige Struktur- und Formverhältnisse des menschlichen Unterkiefers. Korrespondenzbl. d. deutsch. anthropol. Ges. Nr. 10. 1904. S. 94. — Toldt, C., Die Ossicula mentalia und ihre Bedeutung für die Bildung des menschlichen Kinnes. Sitzungsber. d. kais. Akad. d. Wissensch. Wien. Math.-nat. Kl. 114. Abt. III. 1905. — Triepel, H., Einführung in die physikalische Anatomie. I. u. II. T. Wiesbaden 1902; (III. T. Die trajektoriellen Strukturen. Wiesbaden 1908). — Triepel, H., Über mechanische Strukturen. Anat. Anz. 23, 480. 1903. — Triepel, H., Trajektorielle Strukturen. Anat. Anz. 24, 297. 1904. — Triepel, H., Architekturen der Spongiosa bei abnormer Beanspruchung der Knochen. Anat. Hefte 25, 209. 1904. — Triepel, H., Die Knochenfibrillen in transformierter Spongiosa. Anat. Anz. 29 (Ergh.), 205. 1906. — Triepel, H., Die Anordnung der Knochenfibrillen in transformierter Spongiosa. Anat. Hefte 33, 47. 1907. — Triepel, H., Einführung in die physikalische Anatomie. III. Teil. Die trajektoriellen Strukturen. Wiesbaden 1908. — Triepel, H., Selbständige Neubildung einer Achillessehne. Arch. f. Entwicklungsmech. d. Org. 37, 278. 1913. — Triepel, H., Über gestaltliche Beziehungen zwischen Struktur und Organform. Zeitschr. f. d. ges. Anat. I. Abt. Zeitschr. f. Anat. u. Entwicklungsgesch. 63. Gedenkheft f. R. Bonnet. 1922. — Triepel, H., Die Architektur der Knochenspongiosa in neuer Auffassung. Zeitschr. f. d. ges. Anat. II. T. Zeitschr. f. Konstitutionslehre 8, 269, 1922. — Walkhoff, O., Die menschliche Sprache in ihrer Bedeutung für die funktionelle Gestalt des Unterkiefers. Anat. Anz. 24, 129. 1904. — Ward, F. O., Outlines of Human Osteology. London 1838. — Wegner, G., Myeloplaxen und Knochenresorption. Arch. f. pathol. Anat. u. Physiol. u. f. klin. Med. 56, 523. 1872. — Wenger. F., Beitrag zur Anatomie, Statik und Mechanik der Wirbelsäule des Pferdes. Arch. f. Entwicklungsmech. d. Organismen 41, 323, 371. 1915. — Weidenreich, F., Die Bildung des Kinnes und seine angebliche Beziehung zur Sprache. Anat. Anz. 24, 545. 1904. — Wolff, J., Über die innere Architektur der Knochen und ihre Bedeutung für die Frage vom Knochenwachstum. Virchows Arch. f. pathol. Anat. u. Physiol. 50, 389. 1870. — Wolff, J., Das Gesetz der Transformation der Knochen. Berlin 1892. — Wolff, J., Die Lehre von der funktionellen Knochengestalt. Virchows Arch. f. pathol. Anat. u. Physiol. 155, 256. 1899. — Wolff, J., Über die normale und pathologische Anatomie der Knochen. Arch. f. Anat. und Physiol., phys. Abt. Suppl. 1901. S. 239. — Zondek, M., Zur Transformation des Knochencallus. Berlin 1910. — Zschokke, E., Weitere Untersuchungen über das Verhältnis der Knochenbildung zur Statik und Mechanik des Vertebratenskelettes. Zürich 1892.